Harald Nedo

Metalltechnik für die gesamte Ausbildung

Projekte und Aufgaben

3. Auflage

Bestellnummer 221028

westermann

Diesem Buch wurden die bei Manuskriptabschluss vorliegenden neuesten Ausgaben der DIN-Normen, VDI-Richtlinien und sonstigen Bestimmungen zu Grunde gelegt. Verbindlich sind jedoch nur die neuesten Ausgaben der DIN-Normen und VDI-Richtlinien und sonstigen Bestimmungen selbst.

Die DIN-Normen wurden wiedergegeben mit Erlaubnis des DIN Deutsches Institut für Normung e.V. Maßgebend für das Anwenden der Norm ist deren Fassung mit dem neuesten Ausgabedatum, die bei der Beuth-Verlag GmbH, Burggrafenstraße 6, 10787 Berlin, erhältlich ist.

Die in diesem Werk aufgeführten Internetadressen sind auf dem Stand zum Zeitpunkt der Drucklegung. Die ständige Aktualität der Adressen kann vonseiten des Verlages nicht gewährleistet werden. Darüber hinaus übernimmt der Verlag keine Verantwortung für die Inhalte dieser Seiten.

Druck: westermann druck GmbH, Braunschweig

service@westermann-berufsbildung.de
www.westermann-berufsbildung.de

Bildungshaus Schulbuchverlage Westermann Schroedel Diesterweg Schöningh Winklers GmbH, Postfach 33 20, 38023 Braunschweig

ISBN 978-3-14-**221028**-5

westermann *GRUPPE*

Inhaltsverzeichnis

Vorwort

Dieses Arbeitsheft „Projekte & Aufgaben“ ist eine Aufgabensammlung für die Auszubildenden in den 2-jährigen Metallberufen, insbesondere für die Ausbildungsberufe Fachkraft für Metalltechnik, Maschinen- und Anlagenführer und Metallbearbeiter, während der gesamten Ausbildung. Es ist aber auch für den Einsatz in der Grundstufe bei den 3-jährigen Metallberufen geeignet.

Jedes Projekt beginnt mit einer Aufgabenstellung und technischen Informationen. Die projektbezogenen Aufgaben werden jeweils in den 3 separaten Themenkomplexen:

Technologie

Technische Mathematik

Technische Darstellung

abgearbeitet.

Durch komplexes, fachübergreifendes Denken und Handeln soll der Auszubildende

- Technische Darstellungen lesen,
- Technologische Zusammenhänge erkennen und beschreiben,
- Mathematische Aufgaben lösen und
- Gruppenarbeit trainieren.

Hierzu können auf vorbereiteten Arbeitsblättern Lösungsvorschläge durch schriftliche Antworten formuliert werden.

Um den Auszubildenden die Arbeit mit diesem Arbeitsheft zu erleichtern, gibt es zu einzelnen Themengebieten Hilfestellungen in den Info-Boxen.

! **Fräsen**

Beim Fräsen werden Werkstücke überwiegend mit mehrschneidigen Werkzeugen bearbeitet. Da jede Schneide nur kurzzeitig im Eingriff steht, ergibt sich ein unterbrochener Schnitt. Mit Fräsen lassen sich beliebige Werkstückformen herstellen.
Informieren Sie sich in Ihrem Fachbuch über Fräsmaschinen, Werkzeuge und Fräsverfahren.

Autor und Verlag sind für Hinweise und Verbesserungsvorschläge jederzeit dankbar und wünschen viel Erfolg beim Einsatz von „Projekte & Aufgaben“.

Autor und Verlag Braunschweig 2018

Abdeckblech an einer Bohrmaschine — Projekt 1

An einer Bohrmaschine wurde das Abdeckblech für den Riementrieb beschädigt. Da dieses Blech die Riemen vor Verunreinigungen und Beschädigungen schützt, muss es erneuert werden. Ein fehlendes Abdeckblech stellt auch eine erhebliche Unfallgefahr für den Bediener der Maschine dar.

Das Abdeckblech soll aus einer Blechtafel mit 3 mm Dicke gefertigt werden. Als Material wurde ein allgemeiner Baustahl S 235 JR ausgewählt. Die Maße für das Abdeckblech sind aus der Zeichnung zu entnehmen.

Das fertige Abdeckblech wird mit 2 Schrauben am Gehäuse der Bohrmaschine befestigt. Da es keine Kräfte aufnehmen muss, sind Maschinenschrauben M 10 für die Befestigung ausreichend.

Zentrale Lerninhalte

Technologie

- Werkstoffauswahl
- Schneiden
- Kräfte am Schneidkeil
- Auswahl von Werkzeugen
- Arbeitsschutz
- Toleranzen

Technische Mathematik

- Berechnung von Flächen
- Berechnung von Volumen
- Berechnung von Massen
- Materialbedarf
- Hebelgesetz

Technische Darstellung

- Bemaßung von Bauteilen
- Linienarten

1 Abdeckblech an einer Bohrmaschine

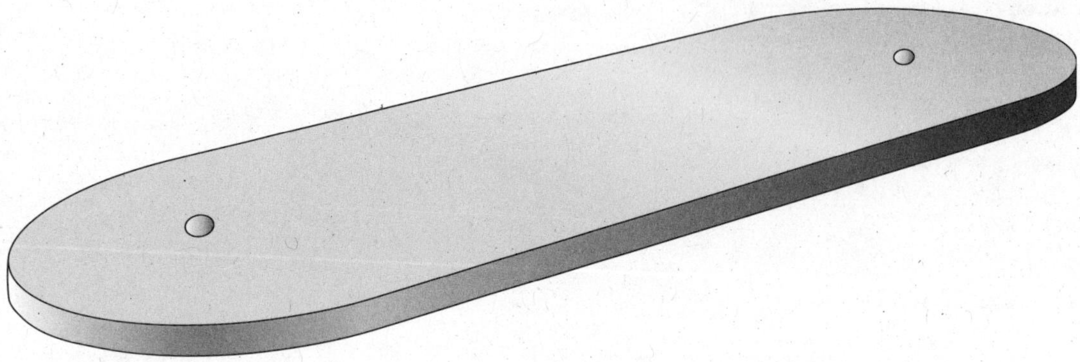

3D-Darstellung Abdeckblech (nicht maßstabsgetreu)

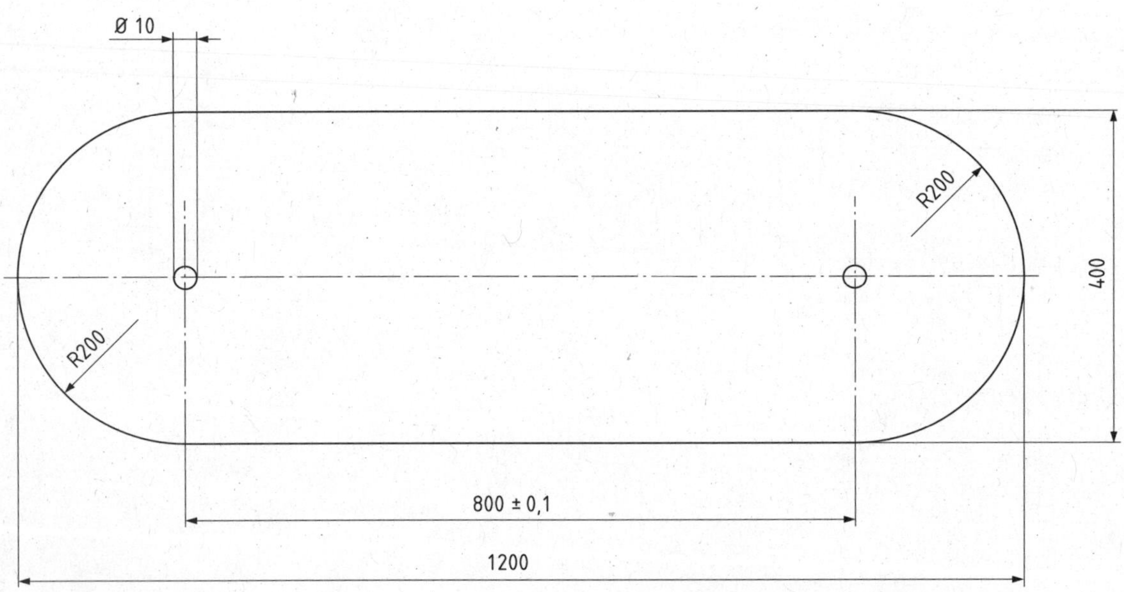

Zeichnung Abdeckblech (nicht maßstabsgetreu)

Abdeckblech an einer Bohrmaschine

1. Welche Funktion hat das Abdeckblech an der Bohrmaschine zu erfüllen?

2. Das Abdeckblech wird aus dem Werkstoff Stahl z. B. S 235JR gefertigt. Erläutern Sie diese Werkstoffbezeichnung!

S –

235 –

JR –

3. Eine weitere Möglichkeit wäre die Herstellung des Abdeckbleches aus dem Werkstoff Aluminium. Welche besonderen Eigenschaften hat Aluminium bezüglich der Bearbeitbarkeit und des Korrosionsschutzes gegenüber dem Werkstoff Stahl?

4. Welche Vorteile hat Stahl gegenüber Aluminium bei der Fertigung und beim Einsatz des Bleches?

5. Warum ist es nicht günstig, das Blech aus dem Stahl X 8 CrNiTi 18.12 zu fertigen?

6. Erläutern Sie das Anreißen des Abdeckbleches.

a) Wählen Sie die Maßbezugsebenen zum Anreißen.

b) Geben Sie die notwendigen Anreißwerkzeuge, Hilfsmittel und Hilfsstoffe an.

Name ______ **Klasse** ______ **Datum** ______

7. Das Abdeckblech wird mit einer Handhebelschere ausgeschnitten. Erläutern Sie den Vorgang des Schneidens!

8. Skizzieren Sie den Schneidkeil bei dem Schneidvorgang und legen Sie den Keilwinkel fest. Begründen Sie, warum Keile mit kleinem Keilwinkel für weiche Werkstoffe und Keile mit großem Keilwinkel für härter Werkstoffe verwendet werden.

Skizze:

Begründung:

9. Ihnen stehen ein Keil mit einem großen Keilwinkel und ein Keil mit einem kleinen Keilwinkel zur Verfügung. Welchen Keil verwenden Sie für den Schneidvorgang beim Baustahl S 235 JR? Begründen Sie Ihre Antwort!

10. Die Konturen des Bleches könnten auch mit einer Handsäge hergestellt werden. Wählen Sie für diese Arbeitsaufgabe eine Handsäge mit geeigneter Zahnteilung aus. Begründen Sie ihre Entscheidung.

11. Nach dem Trennen des Bleches müssen Sie den Grat entfernen, um z. B. Verletzungen zu vermeiden. Dazu benutzen Sie eine Feile. Welche Feile nach der Art ihres Hiebes wählen Sie aus?

Name ______ **Klasse** ______ **Datum** ______

12. Die Randflächen des Abdeckbleches sollen geschlichtet werden.

a) Wie verhalten sich dabei Hiebnummer und Bearbeitungsqualität in Bezug auf die Oberfläche?

Hieb-Nr.	Hieb-zahl	Feilenbe-zeichnung	Erreichbare Oberflächen-güte
0	4,5 – 10	Grobfeile	$R_Z = 25$ - 160µm
1	6,3 – 16	Bastardfeile	
2	10 – 25	Halb-schlichtfeile	$R_Z = 10$ - 40µm
3	14 – 35,5	Schlichtfeile	
4	25 – 50	Doppel-schlichtfeile	$R_Z = 2,5$ - 16µm
5	40 – 71	Fein-schlichtfeile	

a) ______

b) Welche Feile wählen Sie bezüglich der Hiebnummer für das Schlichten aus?

13. Nach dem Schlichten müssen Sie die Feile reinigen, da sich in Ihr Späne festgesetzt haben. Welches Werkzeug wählen Sie dafür?

14. Welche Arbeitsschutzregeln sind beim Feilen einzuhalten, um Unfälle zu vermeiden?

15. Bei der Fertigung des Abdeckbleches müssen verschiedene Maße überprüft werden. Welches Messmittel wird für welches Maß verwendet und wie hoch ist dessen Messgenauigkeit?

16. Für den Abstand der Bohrungen im Abdeckblech ist eine Toleranz von ± 0,1 mm vorgegeben.

a) Aus welchem Grund sind Toleranzen in der Fertigung notwendig?

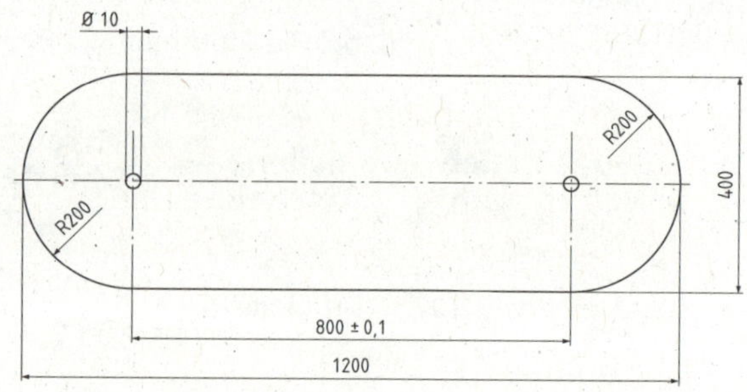

b) Was sagen die Abmaßangabe + 0,1 mm und die Abmaßangabe – 0,1 mm für die Abstände der Bohrungen des Abdeckbleches aus?

17. Suchen Sie aus der Zeichnung das Nennmaß, das obere Abmaß, das untere Abmaß und die Toleranz für den Abstand der Bohrungen des Abdeckbleches heraus. Erklären Sie diese Begriffe.

Bezeichnung	Maßangabe	Erklärung
Nennmaß		
oberes Abmaß		
unteres Abmaß		
Toleranz		

18. Beschreiben Sie zwei Möglichkeiten für das Messen des Mittenabstandes l_m.

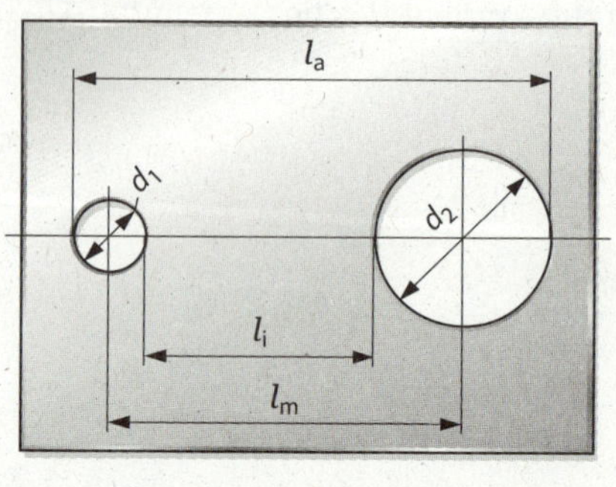

a) l_m =

b) l_m =

! Maße, Flächenberechnung, Hebelgesetz

Längenmaße
Die SI-Basiseinheit der Länge ist der Meter (m).
Abgeleitete Größen sind z. B. µm, mm, cm, dm.
1 m = 10 dm = 100 cm = 1000 mm

Flächenmaße
Die Einheit des Flächenmaßes ist der Quadratmeter m^2.
$1\ m^2 = 100\ dm^2 = 10\,000\ cm^2 = 1\,000\,000\ mm^2$

Flächenberechnung

Quadrat	$A = a \cdot a = a^2$
Rechteck	$A = a \cdot b$
Kreis	$A = \pi \cdot d^2/4$
Halbkreis	$A = 1/2\,(\pi \cdot d^2/4) = \pi \cdot d^2/8$

Winkelmaße
Winkelmaße werden in Grad, Minute und Sekunde angegeben.
1° = 60' = 3600''
1' = 60''

Hebelgesetz
Das linksdrehende Moment der Scherkraft F_S am Hebelarm l_S ist gleich groß dem rechtsdrehenden Moment der Handkraft F_H am Hebelarm l_H.

$$F_S \cdot l_S = F_H \cdot l_H$$

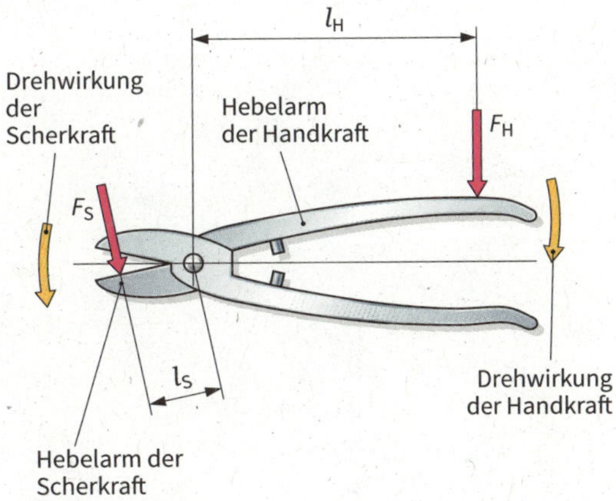

1. Entnehmen Sie der Zeichnung „Abdeckblech" die Hauptmaße des Abdeckbleches.

Maßbezeichnung	Zahlenwert
Gesamtlänge	
Breite	
Bohrungsabstand	
Bohrungsdurchmesser	

Name ______ Klasse ______ Datum ______

2. Für das Abdeckblech ist das notwendige Material bereitzustellen. Berechnen Sie die Fläche des Abdeckbleches in m^2. Die Bohrungen werden an dieser Stelle nicht berücksichtigt.

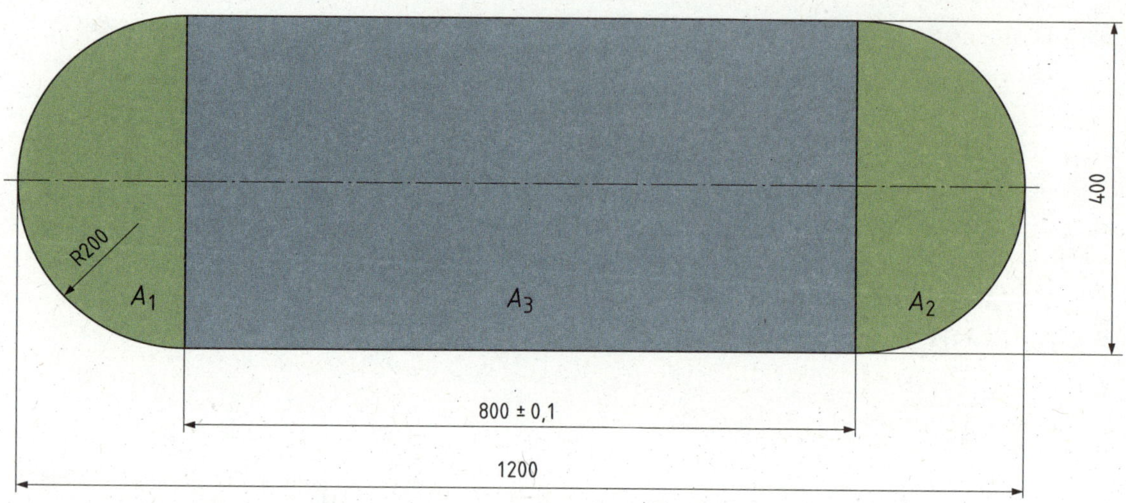

Gegeben: $r = 200\ \text{mm} = 0{,}20\ \text{m}$
$l = 800\ \text{mm} = 0{,}80\ \text{m}$
$b = 400\ \text{mm} = 0{,}40\ \text{m}$

Gesucht: A_{ges} in m^2

Teilfläche A_1 und A_2 berechnen:

Teilfläche A_3 berechnen:

Gesamtfläche A_{ges} berechnen:

3. Das Abdeckblech soll aus einer Blechtafel ausgeschnitten werden, die eine Abmessung von 1 m x 2 m hat. Bei allen Berechnungen können die Rundungen vernachlässigt werden.

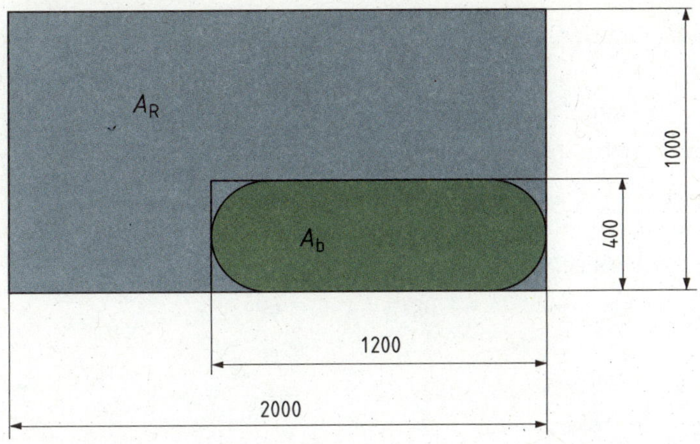

a) Wieviel m^2 Blech bleiben nach dem Ausschneiden als Rest?

Berechnung Fläche Blechtafel:

Gegeben: l = 2,0 m
b = 1,0 m

Gesucht: A_T in m^2

Lösung: ______________________________

Berechnung Fläche Abdeckblech ohne Rundungen:

Gegeben: l = 1,2 m
b = 0,4 m

Gesucht: A_{Ab} in m^2

Lösung: ______________________________

Berechnung Fläche Rest:

Lösung: ______________________________

____

b) Wie bezeichnen Sie den Verlust an Material, der nach dem Ausschneiden des Abdeckbleches entsteht?

____

c) Wieviel beträgt der Verlust in Prozent?

Gegeben: $A = 2\ m^2$ Blechtafel aus Aufgabe 3 a)

Gesucht: Materialverlust in %

Lösung: ______________________________

____

____

____

4. Um einschätzen zu können, ob ein Transportmittel für das Abdeckblech notwendig ist, muss die Masse berechnet werden. Dazu ist zuerst dessen Volumen in dm^3 zu berechnen. Das Abdeckblech hat eine Materialstärke von 3 mm. Die Bohrungen können bei beiden Berechnungen vernachlässigt werden. Die Dichte des Materials entnehmen Sie dem Tabellenbuch.

a) Berechnung des Volumens:

Gegeben: $A = 0{,}446\ m^2$ aus Aufgabe 2
$s = 3\ mm = 0{,}3\ cm = 0{,}03\ dm$

Gesucht: V_{Ab} in dm^3

Lösung:

b) Berechnung der Masse:

Gegeben: $V_{Ab} = 1{,}338\ dm^3$ aus Aufgabe 4 a)

Gesucht: m in kg

Lösung:

5. Das Abdeckblech hat 2 Bohrungen von je 10 mm Durchmesser. Verringern diese Bohrungen die Masse des Abdeckbleches bedeutend?

Gegeben: $d = 10\ mm = 1\ cm$
$s = 3\ mm = 0{,}3\ cm$

Gesucht: A in cm^2, V in cm^3 und m in g

Lösung:

6. Bestimmen Sie für folgende Scherarbeiten die notwendige Handkraft F_H.

Halbzeug	F_S	l_S	l_H	F_H
Bl EN 10131-0,70-DC 04 Am	450 N	30 mm	150 mm	
Bl EN 485-1,2-AlMg3	330 N	40 mm	160 mm	

Abdeckblech an einer Bohrmaschine

1. Das Abdeckblech wurde auf ein DIN A4 Zeichenblatt in einer Ansicht gezeichnet. Begründen Sie, warum eine Ansicht ausreichend ist.

2. Was ist bei der Bemaßung der Zeichnung des Abdeckbleches zu beachten?

3. Zur Bemaßung des Abdeckbleches sind Maßlinien in den richtigen Abständen zu den Körperkanten zu zeichnen. In welchen Abständen sind die Maßlinien von den Werkstückbegrenzungslinien und untereinander darzustellen?

4. Ergänzen und bezeichnen Sie an dem dargestellten Abdeckblech folgende Bestandteile der Bemaßung.

① – Maßlinie
② – Maßhilfslinie
③ – Maßlinienbegrenzung
④ – Maßzahl

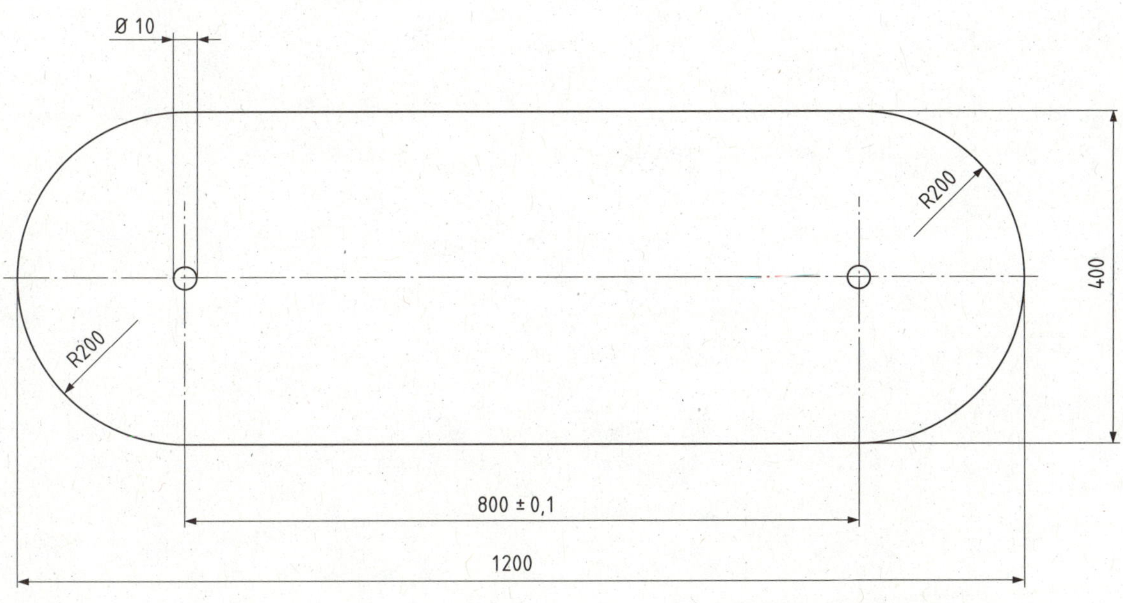

5. Die Rundungen des Abdeckbleches haben das Maß R 200. Erklären Sie diese Maßangabe.

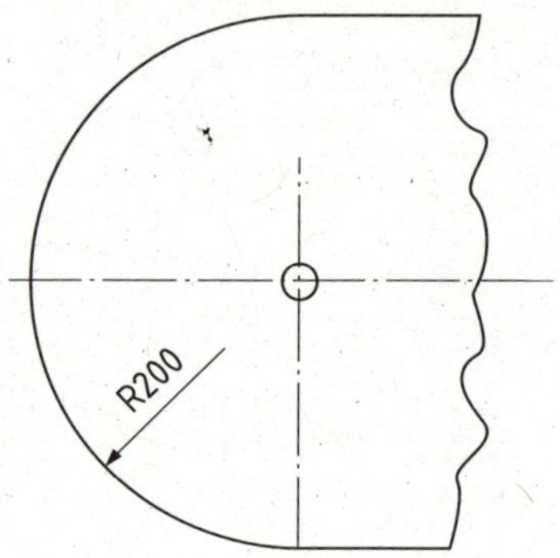

6. Welche Bedeutung haben die Strich-Punkt-Linien in der Darstellung des Abdeckbleches?

7. Wie werden die Maße in der Zeichnung des Abdeckbleches in Leserichtung richtig angeordnet?

8. Wo und wie wird die Dicke des Materials in der Zeichnung des Abdeckbleches eingetragen? Welche beiden Möglichkeiten können hierfür verwendet werden?

Prisma einer Spannvorrichtung Projekt 2

In einer Spannvorrichtung für runde Werkstücke fehlt das Prisma.

Es soll aus einem Stahlwerkstoff gefertigt werden. Da dieses Bohrprisma keinen großen mechanischen Belastungen ausgesetzt ist, wurde allgemeiner Baustahl ausgewählt. Die Oberflächen des Prismas sollen geschlichtet werden.

Das Prisma ist auf einer Fräsmaschine herzustellen.

Zentrale Lerninhalte

Technologie

- Winkel am Schneidkeil
- Auswahl der Fräswerkzeuge
- Auswahl der Fräsverfahren
- Werkstückspannsysteme
- Unfallverhütung
- Wartung der Fräsmaschine

Technische Mathematik

- Berechnung Umdrehungsfrequenz
- Berechnung Schnittgeschwindigkeit
- Berechnung Vorschub

Technische Darstellung

- Darstellung des Bauteiles
- Maßstäbe
- Linienarten
- Normschrift
- Maßtoleranzen

Prisma einer Spannvorrichtung

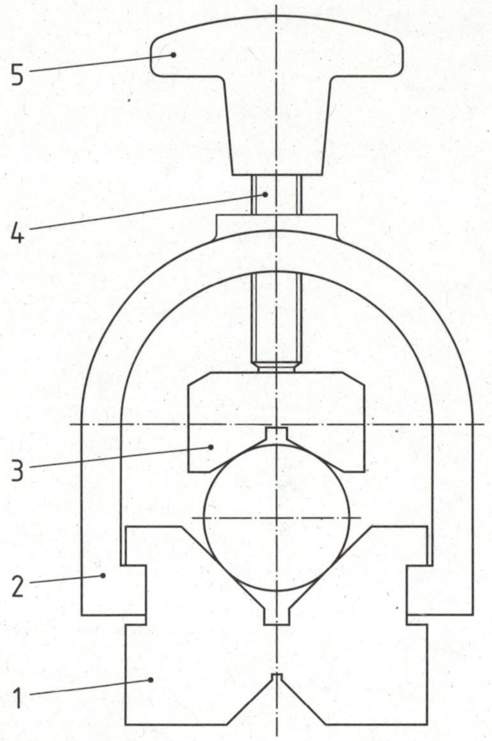

Pos.	Benennung
1	Prisma
2	Spannbügel
3	Druckstück
4	Gewindestift
5	Kreuzgriff

Prisma mit Spannbügel

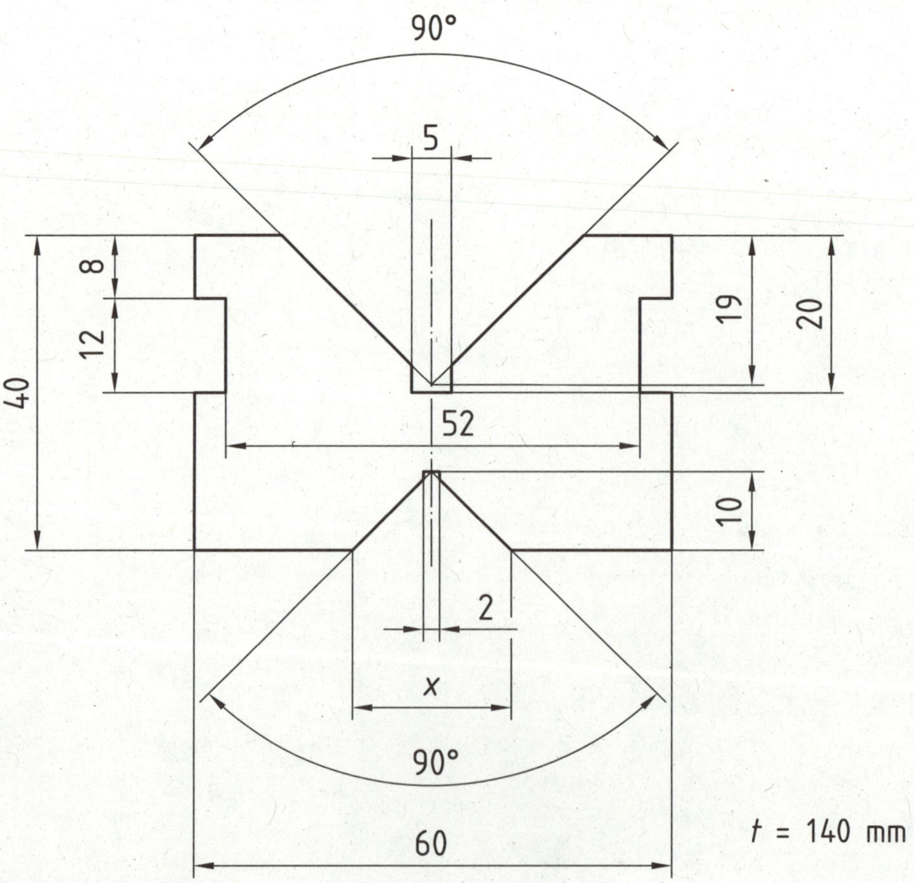

Vorderansicht Prisma im Maßstab 1:1

! **Fräsen**

Beim Fräsen werden Werkstücke überwiegend mit mehrschneidigen Werkzeugen bearbeitet. Da jede Schneide nur kurzzeitig im Eingriff steht, ergibt sich ein unterbrochener Schnitt. Mit Fräsen lassen sich beliebige Werkstückformen herstellen.

Informieren Sie sich in Ihrem Fachbuch über Fräsmaschinen, Werkzeuge und Fräsverfahren.

1. Das Prisma wird auf einer Fräsmaschine mit einem Fräswerkzeug bearbeitet. Beim Fräser sind, wie bei allen Werkzeugen mit geometrisch bestimmten Schneiden, die Winkel bestimmt. Bezeichnen Sie dazu die Winkel an einem Schneidkeil.

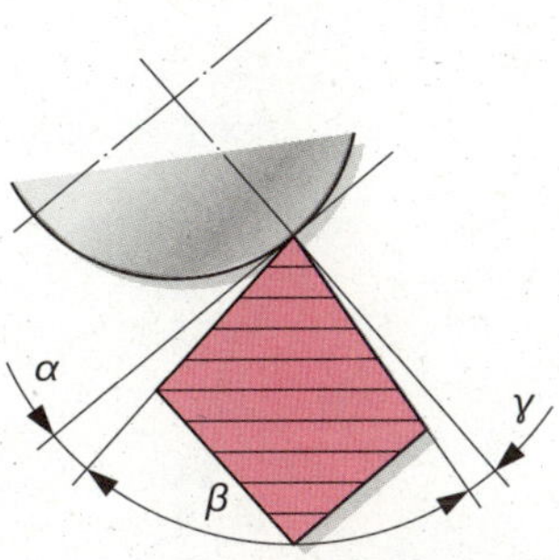

α = ______________________

β = ______________________

γ = ______________________

2. Für die Bearbeitung des Prismas aus Stahl muss ein Fräser ausgewählt werden. Informieren Sie sich über die Frässertypen im Tabellenbuch. Welchen Fräsertyp würden Sie für die Bearbeitung des Prismas aussuchen? Nennen Sie dazu dessen Besonderheiten.

____

____

____

____

3. Neben der Auswahl des geeigneten Fräsertyps ist auch die Auswahl des geeigneten Schneidwerkstoffes für die Bearbeitung des Prismas von Bedeutung. Welchen Schneidwerkstoff würden Sie für diesen Bearbeitungsvorgang auswählen?

____

____

Name ____________________ **Klasse** ________ **Datum** ____________

4. Um die Fläche des Bohrprismas zu bearbeiten wird das Umfangsfräsen angewendet. Nach der Bewegungsrichtung wird dabei in Gleichlauffräsen und Gegenlauffräsen unterschieden.

a) Bezeichnen Sie anhand der Abbildungen das Gleich- bzw. Gegenlauffräsen.

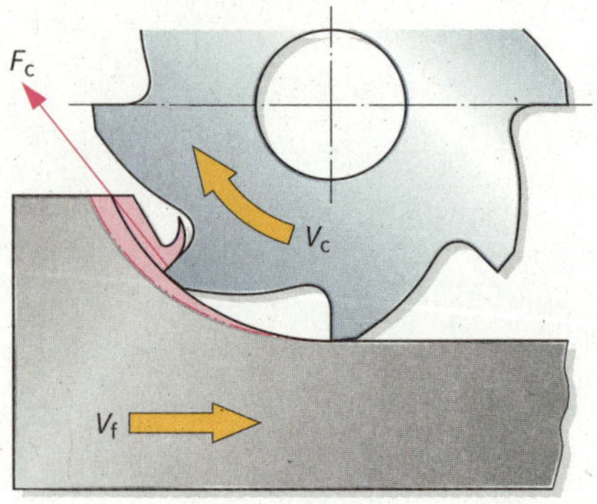

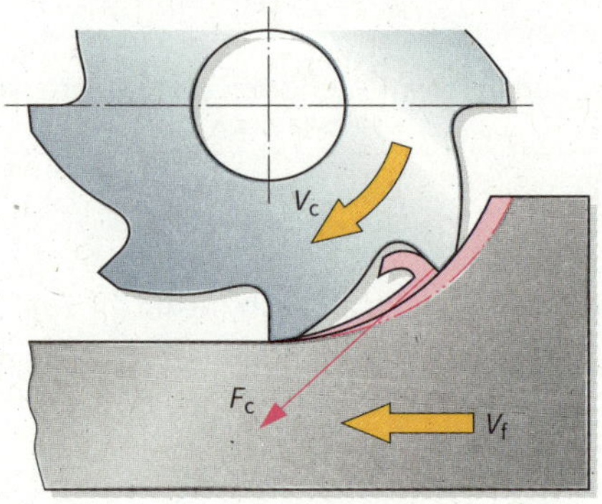

b) Welches Verfahren wählen Sie zur Bearbeitung des Bohrprismas aus? Begründen Sie Ihre Antwort.

c) Welche Fräserart wählen Sie nach der zu bearbeitenden Fläche des Bohrprismas aus?

5. Das Bohrprisma muss während der Bearbeitung gespannt werden. Wie erfolgt der Spannvorgang des Werkstückes auf der Fräsmaschine?

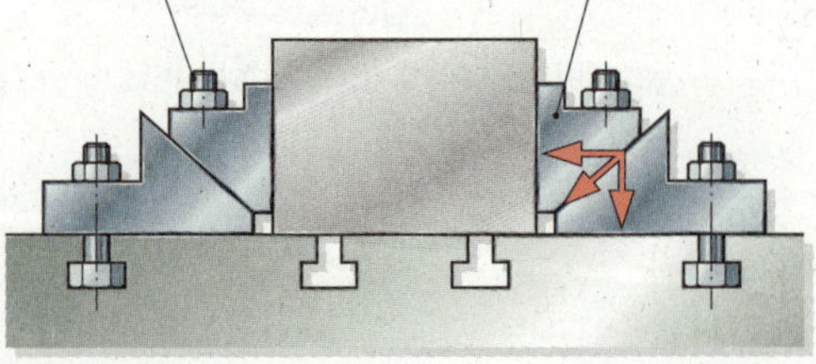

6. Bei der Bearbeitung des Bohrprismas auf der Fräsmaschine ist auch der Unfallschutz zu beachten. Auf welche Kriterien müssen Sie dabei besonders achten?

7. Nachdem das Bohrprisma fertig bearbeitet wurde, verlassen Sie den Arbeitsplatz. Welche Wartungsarbeiten an der Fräsmaschine sind grundsätzlich nach Beendigung der Arbeit erforderlich?

8. Welche Baueinheiten der Fräsmaschine kontrollieren Sie in regelmäßigen Abständen besonders intensiv?

9. Zur Herstellung des Bohrprismas werden verschiedene Fräser für die einzelnen Profile benötigt. Informieren Sie sich in ihrem Tabellenbuch über den Einsatz der nachfolgenden Fräswerkzeuge. Ordnen Sie jedem Fräswerkzeug das herzustellende Profil zu.

Fräserwerkzeug	Herzustellendes Profil
A Scheibenfräser 	**1** Nuten, Langlöcher und kleinere Flächen 
B Langlochfräser 	**2** Winkelführungen 
C Schaftfräser 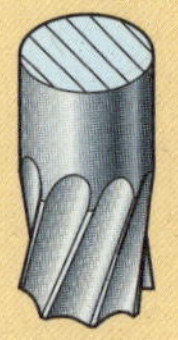	**3** Nuten mit geringen Anforderungen an Maß- und Formgenauigkeit 
D Winkelfräser 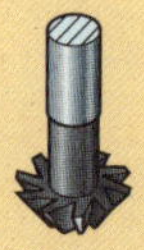	**4** Keilnuten und Taschen 
E Profilfräser 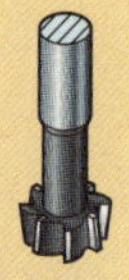	**5** Rechtwinklige Absätze und ebene Flächen 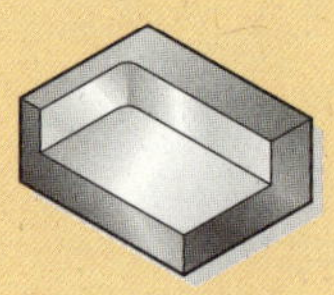
F Walzenstirnfräser 	**6** Führungen und Profile 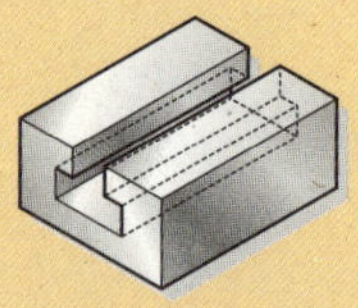

Fräserwerkzeug	A	B	C	D	E	F
Herzustellendes Profil						

! Geschwindigkeit und Umdrehungsfrequenzen (Drehzahlen)

Bewegungen

geradlinig	**kreisförmig**
Hobeln	Fräsen Drehen

Bewegungen werden durch die Geschwindigkeit beschrieben.

$$\text{Geschwindigkeit} = \frac{\text{Weg}}{\text{Zeit}} = \boldsymbol{v} = \frac{\boldsymbol{s}}{\boldsymbol{t}}$$

Die Umfangsgeschwindigkeit ist die Geschwindigkeit, die ein Punkt am Umfang eines Kreises zurücklegt.

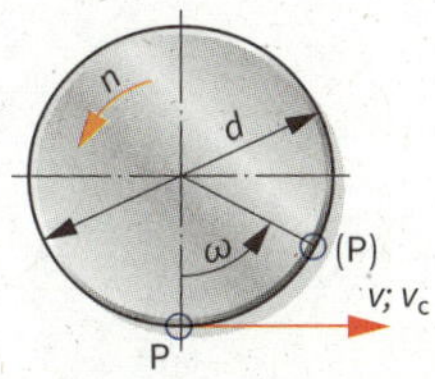

v = Umfangsgeschwindigkeit in m/s
v_C = Schnittgeschwindigkeit in m/min
d = Durchmesser in mm
n = Umdrehungsfrequenz (Drehzahl) in 1/min

Umfangsgeschwindigkeit = π · Durchmesser · Umdrehungsfrequenz (Drehzahl)

$$\boldsymbol{v = \pi \cdot d \cdot n}$$

Wird bei dieser Bewegung ein Span abgenommen, wird diese Geschwindigkeit als Schnittgeschwindigkeit bezeichnet.

$$\boldsymbol{v_C = \pi \cdot d \cdot n}$$

1. Zum Bearbeiten der Flächen des Bohrprismas wurde ein Messerkopffräser aus Hartmetall ausgewählt (d = 150 mm; Zähnezahl 8; Drehfrequenz 260 1/min). Berechnen Sie für diesen Fräser die Schnittgeschwindigkeit und die Vorschubgeschwindigkeit v_f. Die Spandicke soll 1 mm und der Vorschub je Zahn 0,1 mm betragen

Gegeben: n = 260 1/min
a_p = 1 mm
z = 8
f_z = 0,1 mm
d = 150 mm

Gesucht: v_c in m/min
v_f in mm/min

Lösung:

2. Überprüfen Sie mithilfe ihres Tabellenbuches, ob die in Aufgabe 1 berechnete Schnittgeschwindigkeit für einen hartmetallbestückten Messerkopf zum bearbeiten von Baustahl zulässig ist. Bestimmen Sie dabei auch die Hartmetallsorte für diesen Messerkopf.

3. Zur Bearbeitung des Bohrprismas werden die Arbeitswerte verändert. So beträgt die Drehfrequenz jetzt 280 1/min und die Schnittgeschwindigkeit 122 m/min.

a) Welchen Durchmesser hat der neu ausgewählte Messerkopf?

Gegeben: n = 280 1/min
v_c = 122 m/min

Gesucht: d in mm

Lösung:

b) Wie groß ist die Schnittgeschwindigkeit v_c eines Fräsers mit einem Fräserdurchmesser von 300 mm und einer Umdrehungsfequenz von 160 1/min?

Gegeben: n = 160 1/min
d = 300 mm

Gesucht: v_c in m/min

Lösung:

4. In den schon gefertigten Spannbügel wird mit einem Spiralbohrer eine Bohrung von 12 mm Durchmesser gebohrt. Die Schnittgeschwindigkeit beträgt dabei 40 m/min. Wie groß ist seine Umdrehungsfrequenz?

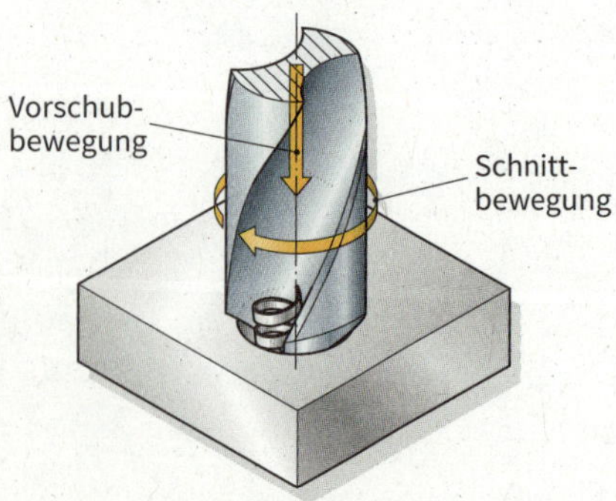

Gegeben: d = 12 mm
v_c = 40 m/min

Gesucht: n in 1/min

Lösung:

5. Überprüfen Sie, ob die in Aufgabe 4 angegebene Schnittgeschwindigkeit v_c für einen Stahl mit einer Mindestzugfestigkeit bis 500 N/mm² und einem Spiralbohrer aus Schnellarbeitsstahl zulässig ist. Bestimmen Sie auch den Vorschub für diesen Bohrer. Informieren Sie sich dazu im Tabellenbuch.

!

Reiben

Da die mit Spiralbohrern gefertigten Bohrungen raue Oberflächen und große Toleranzen haben werden sie anschließend gerieben. Durch Reiben werden Bohrungen mit hoher Oberflächengüte maß- und formgenau hergestellt.

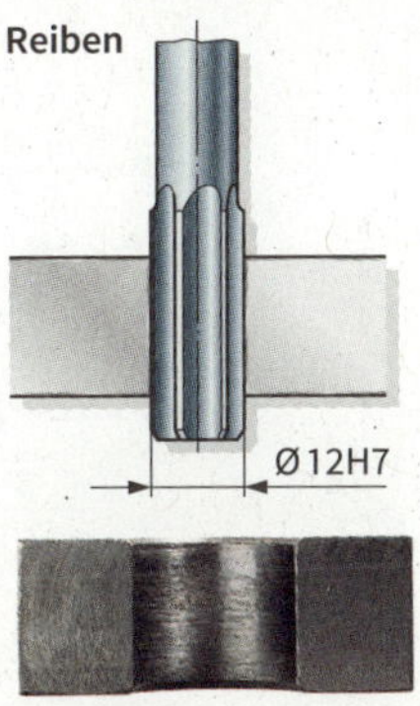

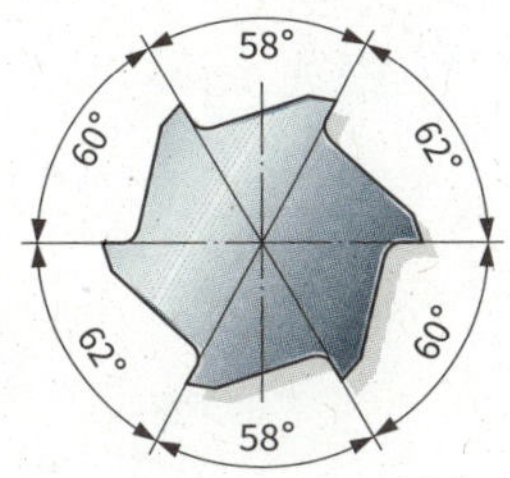

Schneidenteilung einer Reibahle

6. Die Bohrung aus Aufgabe 4 soll anschließend mit einer Maschinenreibahle aus Schnellarbeitsstahl gerieben werden. Welcher Vorschub und welche Schnittgeschwindigkeit sind laut Tabelle auszuwählen?

Richtwerte für das Reiben mit Maschinenreibahlen aus Schnellarbeitsstahl

Werkstoff	R_m in N/mm²	v_c in m/min	*f* in mm für Reibahlendurchmesser *d* in mm 5	12	16	25	40
unlegierter Stahl	… 700	8 … 10	0,10	0,20	0,25	0,35	0,40
	700 … 900	6 … 8	0,10	0,20	0,25	0,35	0,40
legierter Stahl	> 900	4 … 6	0,08	0,15	0,20	0,25	0,35
Gusseisen	≤ 250	8 … 10	0,15	0,25	0,30	0,40	0,50
	≥ 250	4 … 6	0,10	0,20	0,25	0,35	0,40
Cu-Legierungen	–	15 … 20	0,15	0,25	0,30	0,40	0,50
Al-Legierungen	–	… 40	0,10	0,30	0,40	0,60	1,200

---

2 Prisma einer Spannvorrichtung

1. Ergänzen Sie die Darstellung des Prismas durch die Draufsicht im Maßstab 1:2. Tragen Sie alle für die Fertigung notwendigen Maße in die Zeichnung ein.

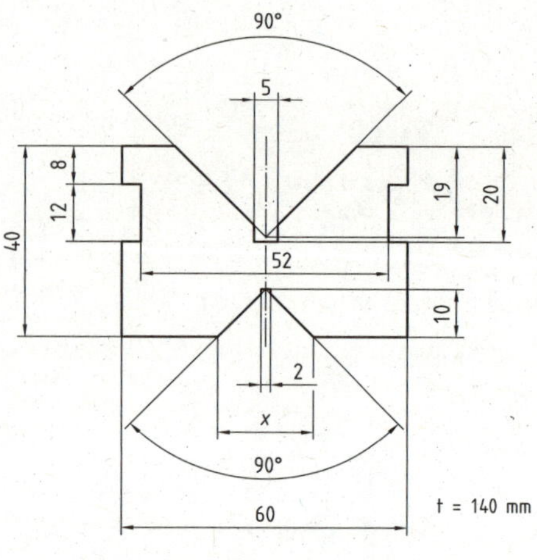

Vorderansicht Prisma im Maßstab 1:2

2. a) In welchem Maßstab wurde das Prisma in der Zeichnung von Aufgabe 1 dargestellt. Warum werden in Technischen Zeichnungen Vergrößerungsmaßstäbe oder Verkleinerungsmaßstäbe verwendet.

b) Welcher Maßstab wäre für die Darstellung des Prismas noch sinnvoll?

3. Zeichnen Sie zusätzlich die Ansicht von links im Maßstab 1:2. Tragen Sie die Maße ein.

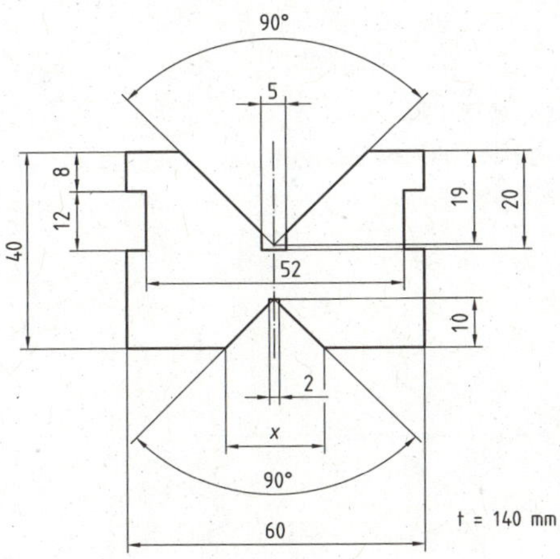

Vorderansicht Prisma im Maßstab 1:2

Seitenansicht:

4. Welche Linienarten wurden für die Darstellung des Prismas mit Spannbügel verwendet. Geben Sie noch je 1 weitere Anwendungsmöglichkeit für die einzelnen Linienarten an.

Verwendete Linienart	Weitere Anwendungsmöglichkeiten

5. Die Beschriftung der technischen Zeichnung für die Spannvorrichtung erfolgt in Normschrift. Warum ist es notwendig, technische Zeichnungen in Normschrift zu beschriften? Informieren Sie sich im Tabellenbuch welche beiden Schriftformen verwendet werden.

! Maßtoleranzen - Allgemeintoleranzen

Die Allgemeintoleranzen sind in der DIN ISO 2768-1 genormt. Sie gelten dort wo in der technischen Zeichnung keine Grenzabmaße angegeben sind. In den Allgemeintoleranzen muss im Schriftfeld der Zeichnung eine eindeutige Angabe erfolgen, nach welcher der folgenden Toleranzklassen das Werkstück zu fertigen ist.
Die Allgemeintoleranzen werden nach dieser Norm unterschieden in:

Toleranzklasse: f (fein)
m (mittel)
c (grob)
v (sehr grob)

Beispiel: DIN ISO 2768 – c.

Die Abweichungen werden dann dem Tabellenbuch entnommen.

Toleranzklasse	**Grenzabmaße in mm für Nennmaßbereiche in mm**							
	0,5 bis 3	über 3 bis 6	über 6 bis 30	über 30 bis 120	über 120 bis 400	über 400 bis 1000	über 1000 bis 2000	über 2000 bis 4000
f (fein)	± 0,05	± 0,05	± 0,1	± 0,15	± 0,2	± 0,3	± 0,5	± 0,8
m (mittel)	± 0,1	± 0,1	± 0,2	± 0,3	± 0,5	± 0,8	± 1,2	± 2
g (grob)	± 0,15	± 0,2	± 0,5	± 0,8	± 1,2	± 2	± 3	± 4
sg (sehr grob)	-	± 0,5	± 1	± 1,5	± 2	± 3	± 5	± 6

6. Das Prisma mit einer Länge von 140 mm soll nach der Allgemeintoleranzklasse „mittel" gefertigt werden.
a) Wie groß ist die Abweichung für das Längenmaß?

b) Welches Größtmaß und welches Kleinstmaß sind für die Länge zulässig?

7. Die Breite des Prismas ist mit 60 mm angegeben.
a) Wie groß ist die Abweichung für die Breite nach der Toleranzklasse „mittel"?

b) Welches Größtmaß und welches Kleinstmaß sind für die Breite zulässig?

Schraubenverbindung an einer Pumpe Projekt 3

In einer Werkstatt steht Wasser in den Reparaturschächten. Eine Kreiselpumpe wird zum Auspumpen der Reparaturschächte eingesetzt. Ein Elektromotor treibt die Kreiselpumpe über eine Flanschkupplung an.

Zu Instandsetzungszwecken wird die Pumpe von der Grundplatte demontiert. Für diese Verbindung werden 4 Maschinenschrauben M 10 x 60 verwendet. Die Flanschverbindung zwischen Motorwelle und Getriebewelle muss dabei ebenfalls demontiert werden. Nach dem Instandsetzen der Pumpe müssen die Flanschverbindung und die Maschinenschrauben wieder montiert werden. Dazu muss ein Demontage- bzw. Montageplan für diese Arbeiten erstellt werden.

Bei den Instandsetzungsarbeiten wird auch der elektrische Anschluss des Elektromotors einer Sichtprüfung unterzogen.

Zentrale Lerninhalte

Technologie

- Schraubenverbindungen
- Schraubensicherungen
- Gewinde
- Korrosion
- Elektrischer Stromkreis

Technische Mathematik

- Berechnung Drehmoment
- Ohmsches Gesetz

Technische Darstellung

- Demontage-/Montageplan
- Elektrischer Stromkreis
- Elektrische Schaltzeichen

3 Schraubenverbindung an einer Pumpe

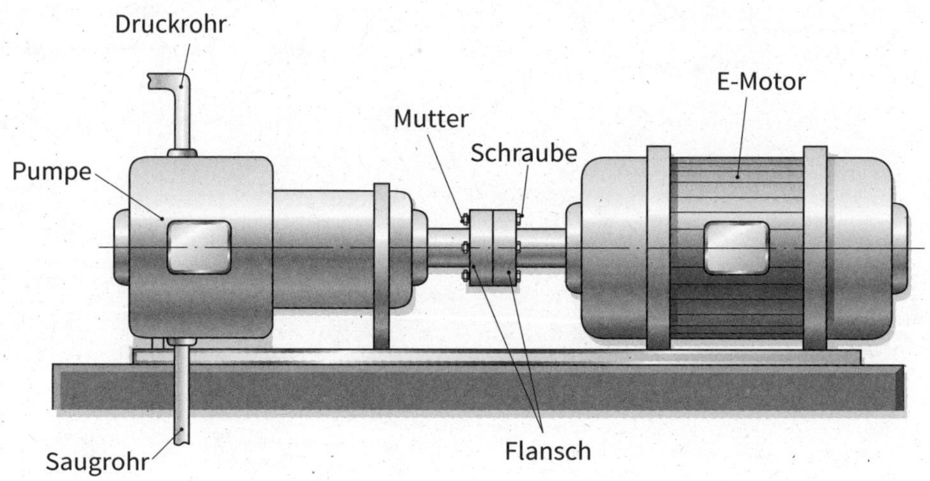

Darstellung Flanschverbindung Pumpe – Motor

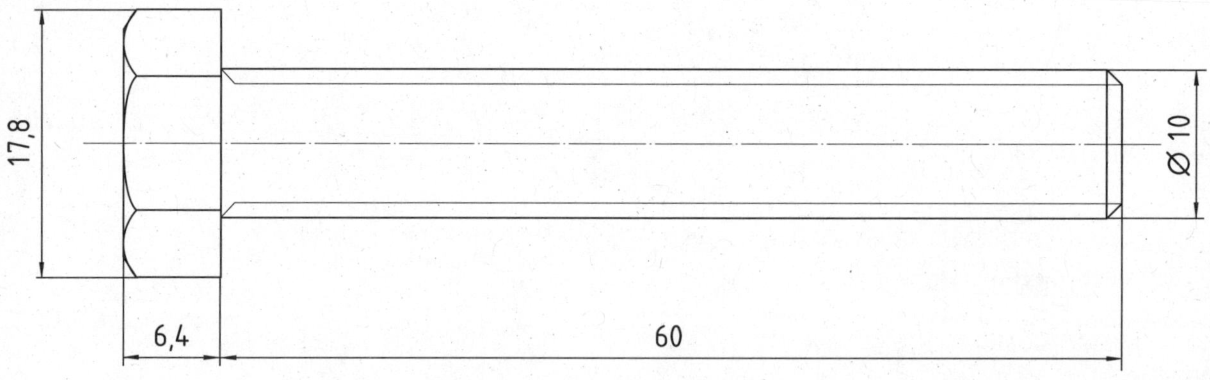

Sechskantschraube M 10 x 60 Maßstab 2:1

Schraubenverbindung an einer Pumpe

1. Welche Funktion erfüllt die Scheibenkupplung zwischen Motor und Pumpe?

2. Welchen Kupplungstyp stellt die Kupplung zwischen Motor und Pumpe dar?

3. Mit welchen Werkzeugen lassen sich die Schraubenverbindungen am Motor demontieren bzw. montieren?

4. Welche Art der Schraubenverbindung wird bei der Flanschverbindung genutzt? Beschreiben Sie diese Verbindung. In den Flanschscheiben befinden sich keine Gewinde.

5. Welche Art Schraube und Mutter wählen Sie dafür aus? Bitte entnehmen Sie diese Information der Zeichnung der Schraube.

6. Aus welchem Werkstoff bestehen die für die Flanschverbindung gewählten Schrauben? Begründen Sie die Auswahl.

Name ______________________ **Klasse** ______ **Datum** __________

7. Welches Bauteil würde bei der Auswahl falscher Schraubenwerkstoffe an der Flanschverbindung durch Kontaktkorrosion angegriffen?

8. Die für die Flanschverbindung verwendeten Schrauben haben ein metrisches ISO-Gewinde. Welche Merkmale kennzeichnen dieses Gewinde?

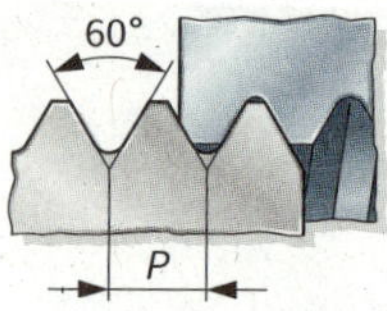

9. Um ein selbständiges Lösen der Schraubenverbindung während des Betriebes der Pumpe zu verhindern, muss eine geeignete Schraubensicherung verwendet werden. Wählen Sie eine geeignete Schraubensicherung aus.

10. Ordnen Sie die Kenngrößen von Sechskantschrauben der abgebildeten Schraube zu. Verwenden Sie dazu das Tabellenbuch.

1 - Schraubenkopf
2 - Kopfhöhe
3 - Schaftlänge
4 - Schraubenschaft
5 - Telleransatz
6 - Gewinde
7 - Gewindelänge
8 - Gewindenenndurchmesser

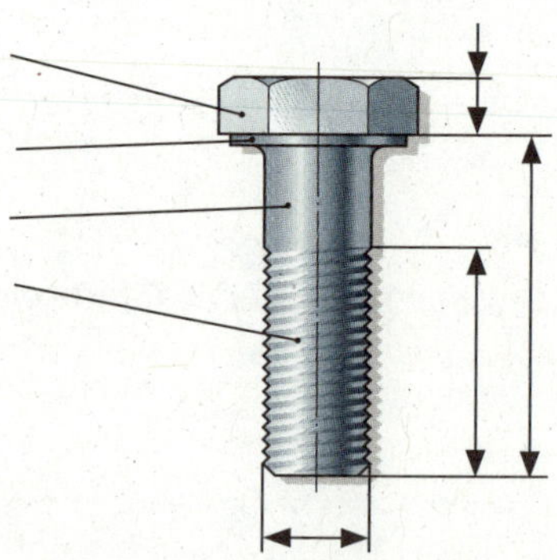

11. Ordnen Sie die Kenngrößen von Muttern der abgebildeten Mutter zu. Verwenden Sie dazu das Tabellenbuch.

1 - Schlüsselweite
2 - Eckmaß
3 - Festigkeitsklasse

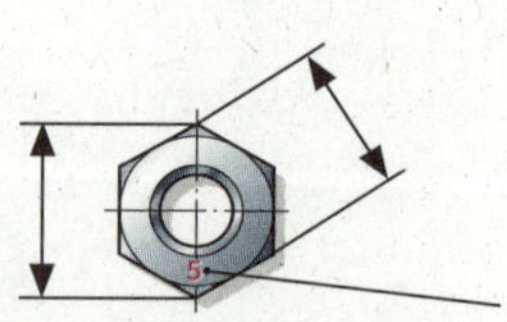

!

Elektrischer Stromkreis

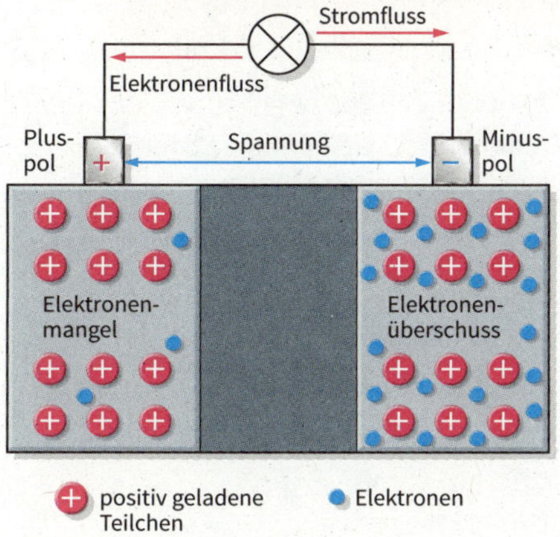

Der Elektrische Stromkreis besteht aus einer Spannungsquelle, den elektrischen Leitungen und dem Verbraucher. Der elektrische Strom kann nur in einem geschlossenen Stromkreis fließen.

Im geschlossenen Stromkreis mit konstantem Widerstand gilt das Ohmsche Gesetz.

$$\text{Stromstärke} = \frac{\text{Spannung}}{\text{Widerstand}} \qquad I = \frac{U}{R}$$

Bewegen sich die Elektronen in gleicher Richtung, spricht man von Gleichstrom.

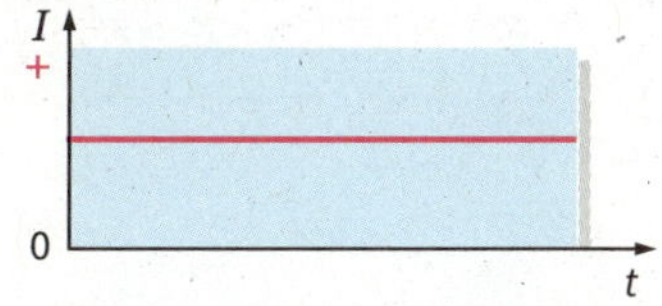

Ändern die fließenden Elektronen in regelmäßigen Zeitabständen Größe und Richtung, handelt es sich um einen Wechselstrom.

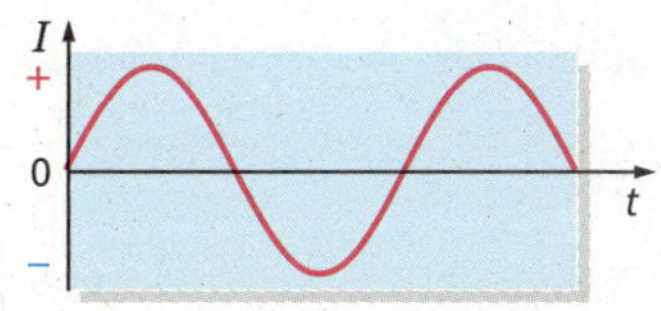

12. Welches ist die technische Stromrichtung im elektrischen Stromkreis?

---

13. Für den Betrieb der Pumpe wird elektrische Energie benötigt. Welche Stromart wird bei der Pumpe verwendet?

---

14. Der Anschluss des Elektromotors erfolgt über einen elektrischen Stromkreis. Welche Grundbausteine sind für diesen Stromkreis notwendig?

Name ______ Klasse ______ Datum ______

! Drehmomentberechnung

Wird eine Schraube befestigt darf nur eine bestimmte Kraft *F* auf diese einwirken. Wird diese Kraft überschritten, dehnt sich die Schraube in ihrer Länge und reißt bei weiterer Krafteinwirkung ab. Wirkt eine Kraft an einem Schraubenschlüssel außerhalb seines Drehpunktes, so wirkt er als Hebel und verursacht eine Drehwirkung, die auch als Drehmoment bezeichnet wird. Dabei ist die Größe dieses Drehmomentes abhängig von der Länge des Hebelarmes und der Größe der wirkenden Kraft.

Das Produkt aus der Kraft *F* und dem Hebelarm *l* wird als Drehmoment bezeichnet.

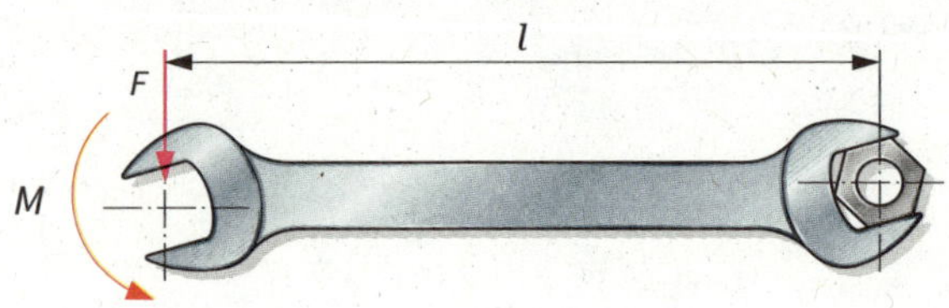

Drehmoment M = Kraft F · Hebelarm l

$$M = F \cdot l$$

M = Drehmoment in Nm
F = Kraft in N
l = Hebelarm in m

Werden Schrauben oder Muttern mit einem zu großem Drehmoment angezogen können diese abreißen.

1. Zur Demontage der vorhandenen Schrauben am Kupplungsflansch wird ein Ringschlüssel mit einem Hebelarm von 300 mm verwendet. Das dabei erzeugte Anziehdrehmoment beträgt 48,4 Nm. Wie groß ist die Handkraft, die der Monteur aufbringt?

Gegeben: M_A = 48,4 Nm
l = 300 mm

Gesucht: F_H in N

Lösung:

2. Die Schrauben zur Motorbefestigung werden mit einer Handkraft von 120 N angezogen. Der Hebelarm des Drehmomentschlüssels ist 260 mm lang. Welches Anziehdrehmoment wirkt hierbei auf die Schraube?

Gegeben: F_H = 120 N
l = 260 mm

Gesucht: M_A in Nm

Lösung:

 Name ______ Klasse ______ Datum ______

3. Bei der Montage der neuen Schrauben am Kupplungsflansch bringt der Monteur eine Handkraft von 220 N auf. Das Anziehdrehmoment beträgt dabei 56 Nm. Welche Länge in mm hat der für diese Montagearbeit verwendete Ringschlüssel?

Gegeben: $F_H = 220$ N
$M_A = 56$ Nm

Gesucht: l in mm

Lösung:

! **Der elektrische Widerstand**

In der elektrischen Anschlussleitung des Pumpenmotors entsteht bei Stromfluss, wie in jedem elektrischen Leiter, ein elektrischer Widerstand. Ein Maß für die Beurteilung des Widerstandes eines elektrischen Leiters ist der spezifische Widerstand.

Werkstoff	Kupfer	Aluminium	Silber
spez. Widerstand ρ in $\frac{\Omega \cdot mm^2}{m}$	0,0172	0,0278	0,0164

Der elektrische Widerstand ist abhängig vom spezifischen Widerstand des Leiterwerkstoffes, vom Querschnitt und der Länge des Leiters.

Der Widerstand R wird nach der Formel $R = \frac{\rho \cdot l}{S}$ berechnet.

R = Widerstand in Ω
ρ = spezifischer Widerstand in $\frac{\Omega \cdot mm^2}{m}$
l = Länge des Leiters in m
S = Leiterquerschnitt in mm^2

4. Die Kupferleitung zum Anschluss des Pumpenmotors ist 15 m lang und hat einen Querschnitt von 8 mm^2. Wie groß ist der Widerstand der Anschlussleitung?

Gegeben: $\rho = 0{,}0172 \frac{\Omega \cdot mm^2}{m}$
$l = 15$ m
$S = 8\ mm^2$

Gesucht: R in Ω

Lösung:

Name ______ Klasse ______ Datum ______

!

Ohmsches Gesetz

In einem elektrischen Stromkreis wird der Zusammenhang zwischen Stromstärke, Spannung und Widerstand als Ohmsches Gesetz bezeichnet. Je größer die Spannung und je kleiner der Widerstand ist, desto größer ist die Stromstärke.

Es gilt:

$$\text{Stromstärke} = \frac{\text{Spannung}}{\text{Widerstand}}$$

$$I = \frac{U}{R}$$

I = Stromstärke in A
U = Spannung in V
R = Widerstand in Ω

Werden in einem Stromkreis mehrere Einzelwiderstände (Verbraucher) hintereinander geschaltet, handelt es sich um eine Reihenschaltung.

Es gilt: Gesamtwiderstand = Summe der einzelnen Teilwiderstände

$$R_g = R_1 + R_2 + R_3 + \ldots + R_n$$

Gesamtspannung = Summe der einzelnen Teilspannungen

$$U_g = U_1 + U_2 + U_3 + \ldots + U_n$$

Werden in einem Stromkreis mehrere Einzelwiderstände (Verbraucher) nebeneinander geschaltet, handelt es sich um eine Parallelschaltung.

Es gilt: Kehrwert des Gesamtwiderstandes = Summe der Kehrwerte der Teilwiderstände

$$\frac{1}{R} = \frac{1}{R_1} + \frac{1}{R_2} + \frac{1}{R_3} + \ldots + \frac{1}{R_n}$$

Gesamtstrom = Summe der Teilströme

$$I_{ges} = I_1 + I_2 + I_3 + \ldots + I_n$$

5. Der Motor der Pumpe wird mit 400 V betrieben und es wurde ein Widerstand von 320 Ω gemessen. Welche Stromstärke kann am Motor auftreten?

Gegeben: U = 400 V
R = 320 Ω

Gesucht: I in A

Lösung: ______________________________

____

____

____

6. Zur Beleuchtung des Arbeitsplatzes wird eine Glühlampe mit einem Widerstand von 1100 Ω und einer Stromstärke von 0,209 A eingesetzt. Wie hoch ist die anliegende Spannung?

Gegeben: $I = 0{,}209$ A
$R = 1100\ \Omega$

Gesucht: U in V

Lösung:

7. In einer Handleuchte wurde ein Strom von 80 mA gemessen. Die Spannung beträgt 48 V. Wie groß ist der elektrische Widerstand?

Gegeben: $I = 80$ mA
$U = 48$ V

Gesucht: R in Ω

Lösung:

8. In einem Stromkreis sind Verbraucher mit den Einzelwiderständen $R_1 = 10\ \Omega$, $R_2 = 40\ \Omega$ und $R_3 = 50\ \Omega$ geschaltet. Die Gesamtspannung beträgt 230 V.

a) Ermitteln Sie den Gesamtwiderstand im Stromkreis.

Gegeben: $R_1 = 10\ \Omega$
$R_2 = 40\ \Omega$
$R_3 = 50\ \Omega$

Gesucht: $R_{ges.}$ in Ω

Lösung:

b) Ermitteln Sie den Strom im Stromkreis.

Gegeben: $R_{ges.}$ aus Aufgabe a)
$U = 230$ V

Gesucht: I in A

Lösung:

Name ______ Klasse ______ Datum ______

1. Erstellen Sie einen Arbeitsplan zum Wechseln der Baugruppen bei der Instandsetzung der Pumpe.

	Arbeitsplan	**Blatt-Nr. 1**	**Anzahl 1**
Benennung: **Halbzeug:**	**Zeichen.-Nr.** **Sach.-Nr.**	**Auftragsnr.:** **Stückzahl:**	**Name:** **Klasse/Gr.:**
☐ **Einzelteil**	☒ **Montage/Demontage**	**Termin:**	**Kontr.-Nr.:**

Lfd.-Nr.	Arbeitsschritt	Werkzeug/ Hilfsmittel	Bemerkung
1	Lösen der Schrauben an der Flanschverbindung	Schraubenschlüssel	
2			
3			
4			
5			
6			
7			
8			
9			

2. Für die Schrauben zur Verbindung der Pumpe mit der Grundplatte sind 4 Bohrungen mit dem Durchmesser $d = 10$ H 7 vorhanden.

a) Geben Sie die Grenzabmaße für diese Bohrung an.

Toleranzklasse ____________________ H 7 - Grenzabmaße ____________________

Durchmesser ____________________ Nennmaß ____________________

b) Geben Sie den Maßbereich und die Toleranz für die Bohrungen des Kupplungsflansches an.

Nennmaß der Bohrung ____________________ Kleinstmaß der Bohrung ____________________

Größtmaß der Bohrung ____________________ Toleranz ____________________

 Name ____________________ Klasse ________ Datum ________

! Messungen im elektrischen Stromkreis

Ein elektrischer Stromkreis besteht aus Spannungsquelle, elektrischen Leiter, Schalter und Verbraucher. Diese werden durch genormte Schaltzeichen dargestellt.

Wird in einem elektrischen Stromkreis die Spannung gemessen ist das Messgerät parallel zu schalten. Beim Messen des Stromes wird das Messgerät in Reihe geschaltet.

3. Zeichnen Sie in den dargestellten Stromkreis ein Spannungsmessgerät zur Messung der Gesamtspannung und ein Strommessgerät zur Messung des Gesamtstroms ein und bezeichnen Sie außerdem die einzelnen Bauteile. Informieren Sie sich im Tabellenbuch über die Schaltzeichen.

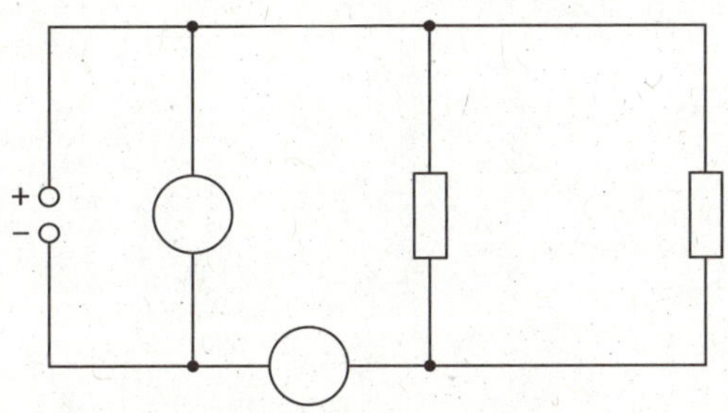

4. Fertigen Sie die Zeichnung des Stromkreises für die dargestellte Messanordnung an.

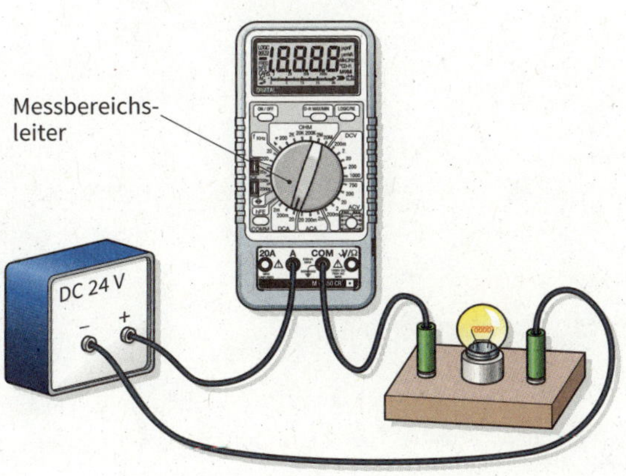

Zeichnung Stromkreis:

5. Nennen Sie mögliche Beispiele für die einzelnen Teile eines Stromkreises.

Teile eines Stromkreises	Beispiele
Spannungsquelle	
Leiter	
Verbraucher	

6. Erklären Sie mit Hilfe des Tabellenbuches folgende Schaltzeichen.

Schaltzeichen	Erklärung

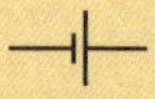	

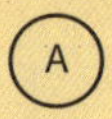	
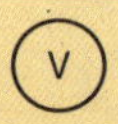	

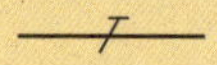	

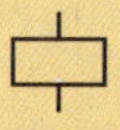	

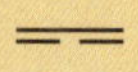	

 Name ______________________ Klasse ______ Datum ____________

Pneumatischer Arbeitszylinder Projekt 4

In der Werkstatt wird eine Handpresse zum Ein- und Auspressen von Lagerbuchsen eingesetzt. Diese soll durch eine Druckluftpresse ersetzt werden. Das stellt bei größeren Stückzahlen eine Erleichterung der Arbeit dar und ist ökonomisch effektiver.

Die Presse presst die Lagerbuchsen in vorbereitete Bohrungen ein. Dazu muss sich der Stößel abwärts bewegen. Um die Teile wieder entnehmen zu können, ist anschließend eine Bewegung des Stößels nach oben notwendig. Diese Bewegungen müssen gesteuert werden.

Für diese Druckluftpresse sind die geeigneten Baugruppen festzulegen, insbesondere der Arbeitszylinder und die Wegeventile.

Zentrale Lerninhalte

Technologie

- Betriebsstoff-Luft
- Arbeitszylinder
- Wegeventile
- Pneumatische Leitungen

Technische Mathematik

- Berechnung von pneumatischen Kräften
- Berechnung von Drücken
- Berechnung Volumenstrom

Technische Darstellung

- Pneumatischer Schaltplan
- Sinnbilder der Pneumatik
- Darstellung von Wegeventilen

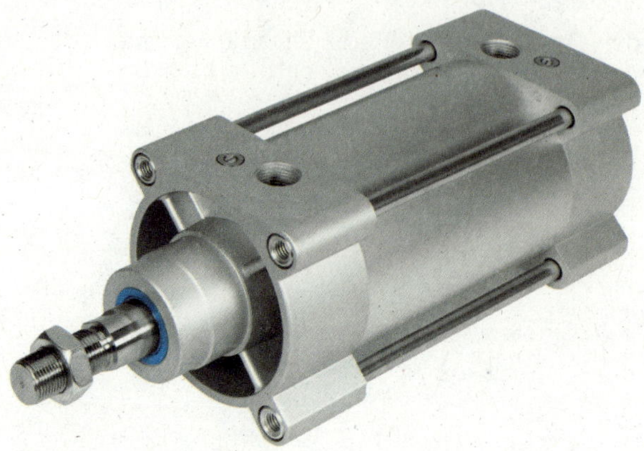

Zylinder

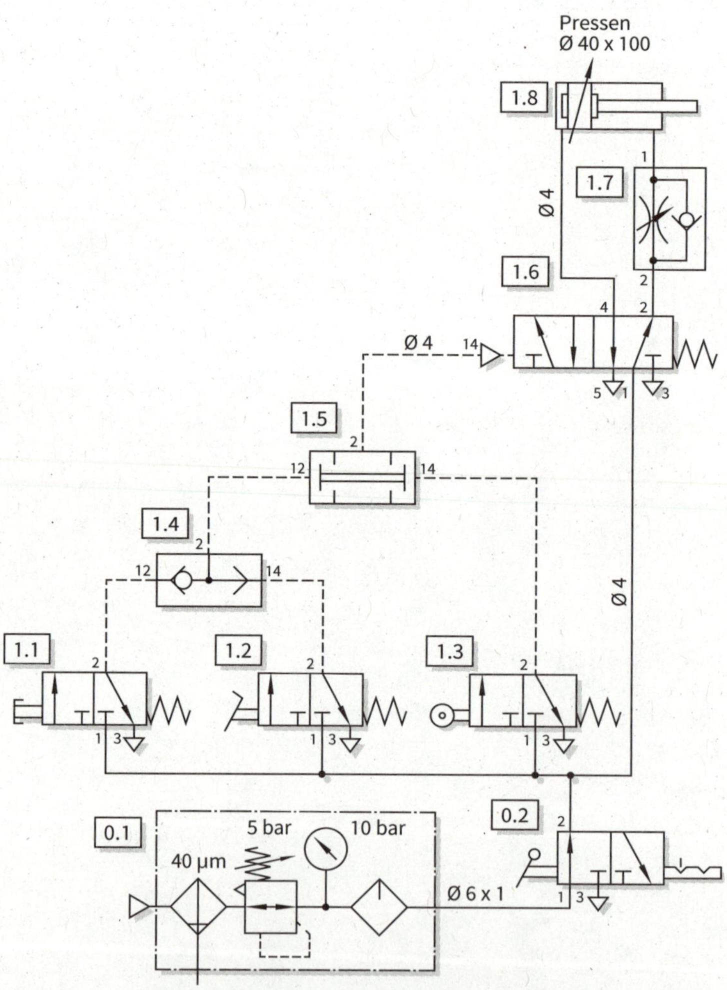

Pneumatikschaltplan der Druckluftpresse

! Pneumatische Steuerung

Die pneumatische Steuerung arbeitet mit Druckluft. Der Begriff „pneu“ kommt aus dem Griechischen und heißt so viel wie Wind.
Luft lässt sich leicht zusammendrücken (komprimieren). Bei pneumatischen Anlagen wird der Druck mit einem Manometer gemessen und in bar angegeben.

Pneumatischer Schaltplan Drucklufterzeugungsanlage

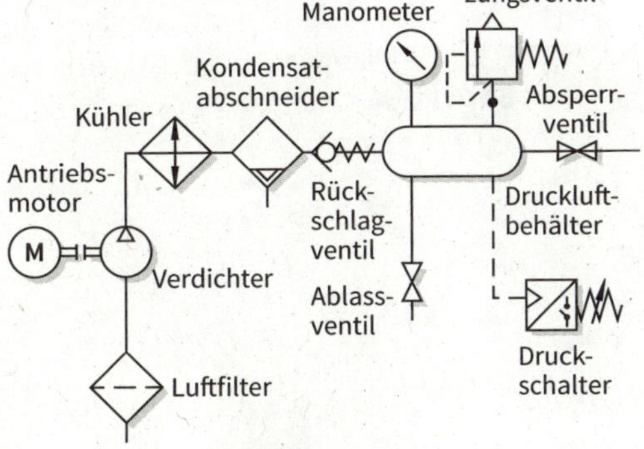

Vor pneumatische Steuerungen werden in Druckluftnetzen oft Aufbereitungseinheiten zum aufbereiten der Druckluft eingebaut.

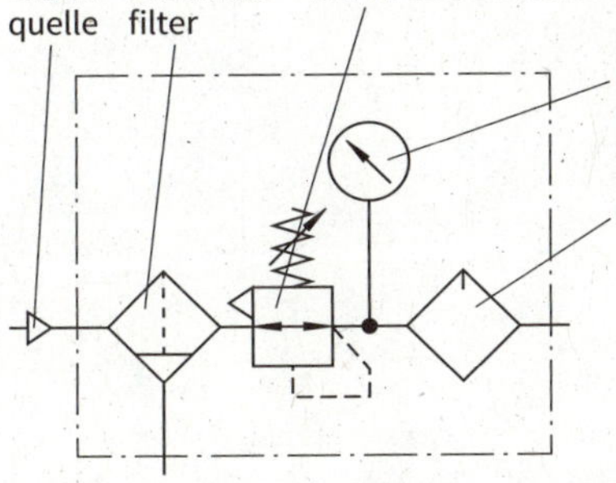

Aufbereitungseinheit

Die Druckluft wird gereinigt und im Druckluftöler geölt. Dadurch wird an pneumatischen Bauteilen Abrieb und Korrosion vermindert. Durch Leitungen aus unterschiedlichen Materialien wird sie dann einem Arbeitszylinder zugeführt und bewirkt dessen Verfahren. Druckluft ist umweltfreundlich, sie kann nach Gebrauch an die Umgebung abgegeben werden. Es entfallen dadurch materialintensive Rückleitungen.

1. Zum Antrieb des Arbeitszylinders der Presse wird Druckluft verwendet. Beschreiben Sie die Vorteile und Nachteile des Einsatzes von Druckluft in der Steuerung.

Vorteile: ______________________________

____

____

Nachteile: ______________________________

____

2. Wie wird die für den Zylinder der Presse benötigte Druckluft erzeugt?

3. Um die Druckluft für den Arbeitszylinder der Presse bereitzustellen, muss Sie aufbereitet werden. Wählen Sie die Bauteile für eine Aufbereitungseinheit aus und welche Funktion haben sie?

Bauteil	Funktion

4. In der pneumatischen Steuerung der Presse werden Arbeitszylinder eingesetzt. Informieren Sie sich über deren Funktion und erklären Sie diese.

5. Für die Steuerung der Presse wird ein doppelt wirkender Arbeitszylinder eingesetzt. Erklären Sie die Funktion dieses Zylinders.

Ausgangsstellung (eingefahren)

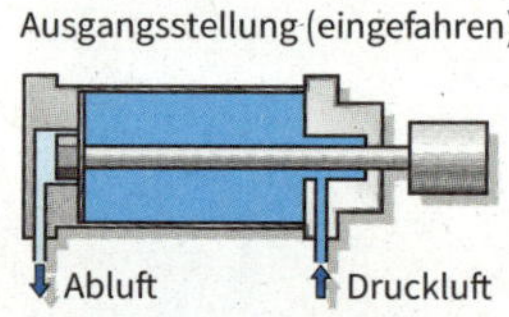

Arbeitsstellung (ausgefahren)

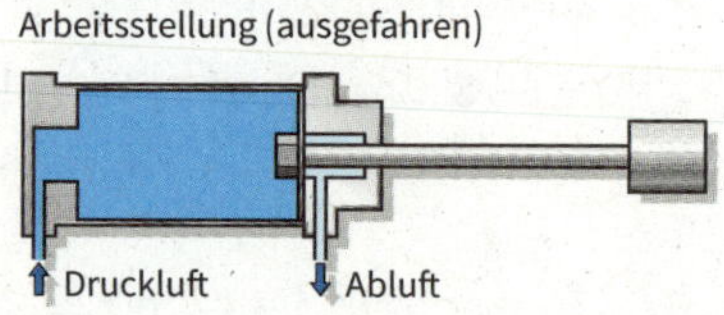

6. Neben den doppelt wirkenden Zylinder der Presse können in der Pneumatik auch einfach wirkende Zylinder eingesetzt werden. Erklären Sie die Funktion dieser Zylinder.

Ausgangsstellung (eingefahren)

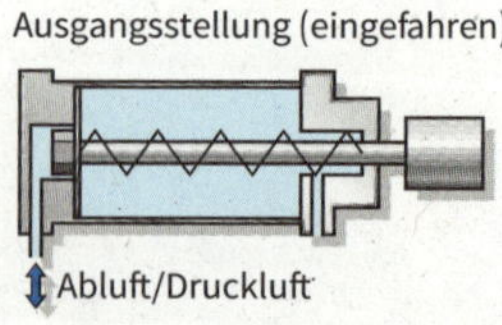

7. In der pneumatischen Steuerung der Presse werden Wegeventile eingesetzt. Welche Aufgabe erfüllen diese Wegeventile in der Steuerung?

8. Für die Steuerung der Presse wird ein 3/2 Wegeventil eingesetzt. Bezeichnen Sie die Anschlüsse eines Wegeventils mit den richtigen Begriffen.

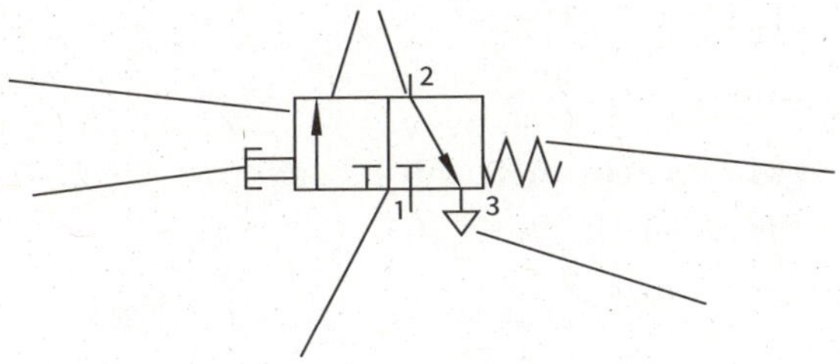

9. Für die Steuerung der Presse sind Wegeventile auszuwählen. Informieren Sie sich im Tabellenbuch über die Bezeichnung dieser Wegeventile.

Wegeventil Abbildung	Wegeventil-Bezeichnung
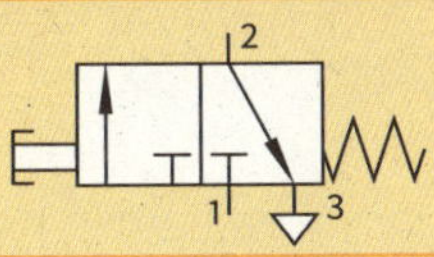	
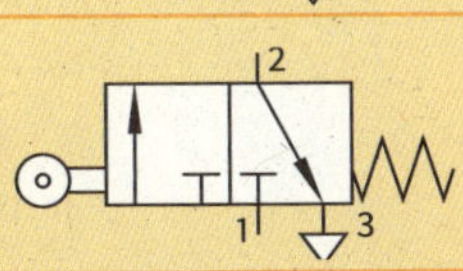	
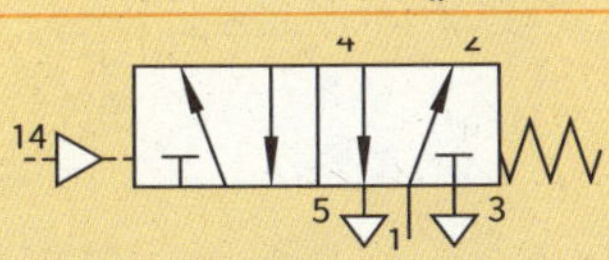	

10. Der Drucklufttransport zum Arbeitszylinder erfolgt durch Leitungen. Welche Arten von Leitungen wählen Sie aus? Aus welchem Werkstoff können diese Leitungen bestehen?

Transportweg	Art der Leitung	Leitungsmaterial	Leitungsverbindung
zur Presse			
zu den beweglichen Teilen der Presse (z. B. Zylinder)			

Kolbenkraft und Druck

Der Druck der auf ein Gas wirkt, breitet sich in geschlossenen Behältern nach allen Seiten gleichmäßig aus und ist an allen Stellen gleich groß. Da Reibungskräfte zwischen Kolben und Zylinder wirken, geht ein Teil der Energie verloren. Das wird durch den Wirkungsgrad η berücksichtigt.

Kolbenkraft = Überdruck · Fläche · Wirkungsgrad

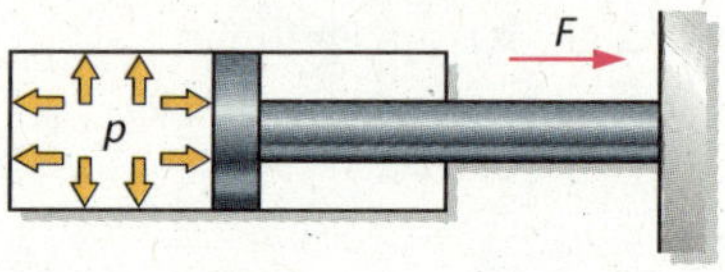

$$F = p_{\ddot{u}} \cdot A \cdot \eta$$

Druck

$$p = \frac{F}{A \cdot \eta}$$

p = Druck in N/cm^2 oder N/m^2 oder Pascal (Pa)
A = Fläche in m^2 oder cm^2

In Gasen und Flüssigkeiten gibt man den Druck vorzugsweise in bar oder Pascal an.

1 bar = 10 N/cm^2 = 100 000 N/m^2 = 100 000 Pa = 100 KPa
1 mbar = 0,001 bar = 100 Pa
1 N/m^2 = 1 Pa

1. Auf den Kolben des Pneumatikzylinders der pneumatischen Presse mit einem Durchmesser von 120 mm, wird ein Druck von 12 bar ausgeübt. Der Wirkungsgrad beträgt 85 %. Wie groß ist die Kraft des Stempels, die auf das Werkstück wirkt?

Gegeben: p = 12 bar
d = 120 mm
η = 85 %

Gesucht: F in kN
A in cm^2

Lösung:

2. Der Druck auf dem Pneumatikzylinder der Presse wurde auf 32 bar erhöht und der Wirkungsgrad auf 88 % gesteigert. Welche Presskraft wirkt nun auf das Werkstück?

Gegeben: $p = 32$ bar
$\eta = 88\,\%$
$A = 113{,}04\ \text{cm}^2$

Gesucht: F in KN

Lösung:

3. Mit welchem Druck müsste der Arbeitszylinder mit $d = 120$ mm bei einem Wirkungsgrad mit 80 % beaufschlagt werden, wenn der Stempel der Presse eine Kraft von 20 KN erzeugen sollte?

Gegeben: $F = 20\ \text{KN} = 20\,000\ \text{N}$
$\eta = 80\,\%$
$A = 113{,}04\ \text{cm}^2$

Gesucht: p in bar

Lösung:

4. Der Zylinder erzeugt nach längerer Verwendung nur noch eine Kraft von 16 kN. Wie groß ist der Wirkungsgrad des Zylinders?

Gegeben: $A = 113{,}04\ \text{cm}^2$
$p = 22{,}12\ \text{bar} = 221{,}2\ \text{N/cm}^2$
$F = 16$ kN

Gesucht: η in %

Lösung:

!

Volumenstrom

Der Volumenstrom ist in einem Rohrsystem in allen Querschnitten gleich groß. Verändert sich der Querschnitt der Rohrleitung, so bleibt der Volumenstrom gleich, nur die Strömungsgeschwindigkeit verändert sich.

Dabei gilt:
Wird der Querschnitt kleiner, erhöht sich die Strömungsgeschwindigkeit.

$$\frac{A_1}{A_2} = \frac{v_2}{v_1}$$

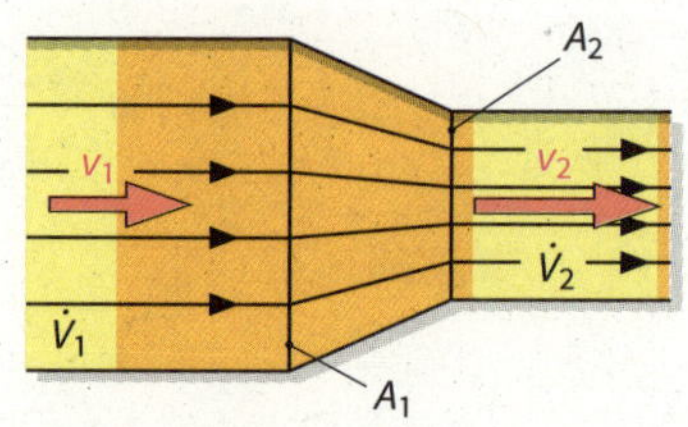

Volumenstrom

Volumenstrom ($\dot{V}$) = Querschnittsfläche (A) · Durchflussgeschwindigkeit (v)

$$\dot{V} = A \cdot v$$

$\dot{V}$ = Volumenstrom in dm^3/min = l/min
A = Querschnittfläche in dm^2
v = Durchflussgeschwindigkeit in dm/min

5. Der Kolben der Presse mit 120 mm Durchmesser soll eine Kolbengeschwindigkeit von 200 mm/min erreichen. Welcher Volumenstrom $\dot{V}$ wäre dazu notwendig?

Gegeben: A = 113,04 cm^2
v = 200 mm/min

Gesucht: $\dot{V}$ in l/min

Lösung:

6. Der Volumenstrom für die Presse wird auf 12 l/min erhöht. Wie verändert sich die Kolbengeschwindigkeit bei gleichem Kolbendurchmesser?

Gegeben: A = 113,04 cm^2
$\dot{V}$ = 12 l/min

Gesucht: v in dm/min

Lösung:

1. Die Lücken im Schaltplan sind durch zwei der drei vorgegebenen Sinnbilder zu füllen. Zeichnen Sie die Sinnbilder in die entsprechende Lücke ein.

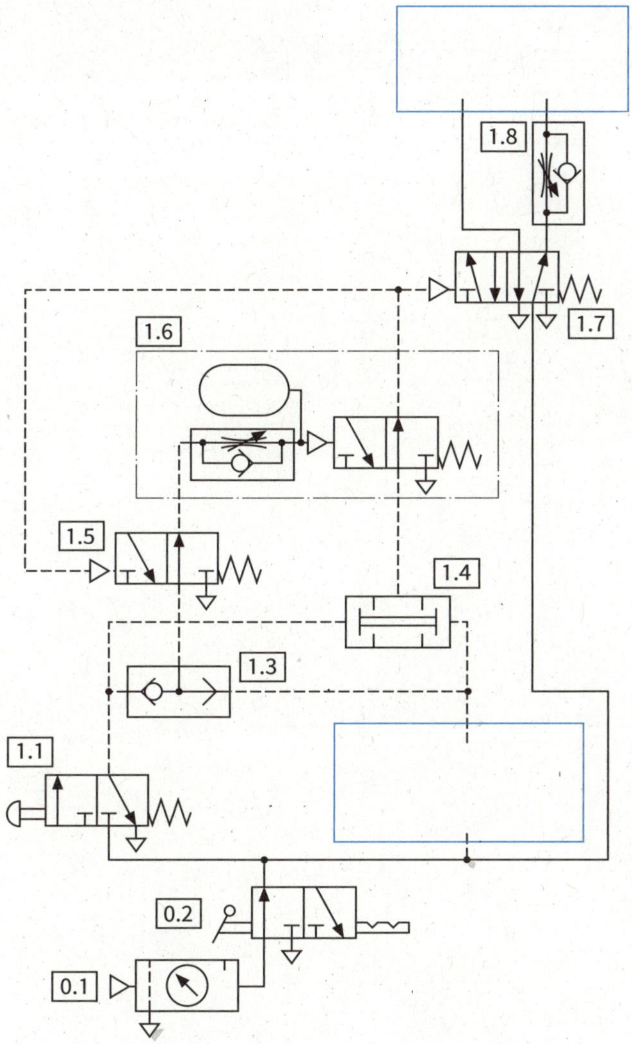

Lösungsangebot:

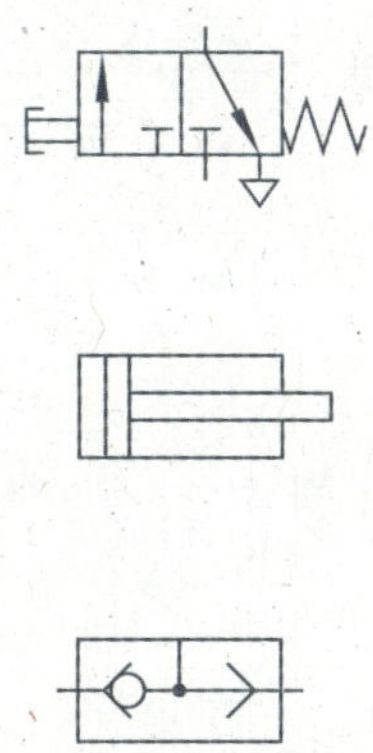

2. Wie werden Wegeventile in Schaltplänen symbolisch dargestellt und bezeichnet? Zeichnen Sie die symbolische Darstellung eines 5/2-Wegeventils.

____

____

____

____

____

____

Sinnbild:

3. Im Schaltplan ist die Funktion der Presse durch sinnbildliche Bauteile dargestellt. Ordnen Sie dem jeweiligen Sinnbild die zugehörige Bauteilbezeichnung zu.

Sinnbild	Bauteilbezeichnung
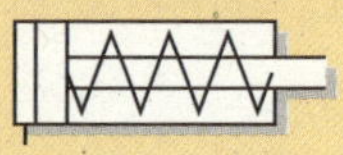	

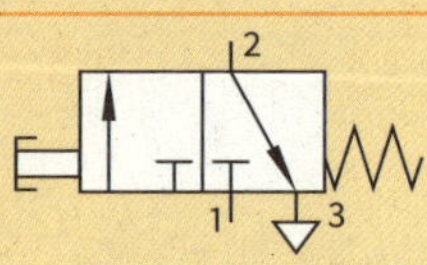	
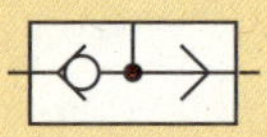	
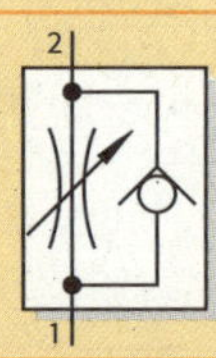	
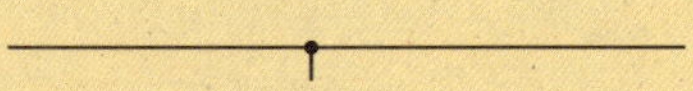	

4. In dem Schaltplan der Presse ist 3/2 Wegeventil dargestellt.
a) Zeichnen Sie das Sinnbild des 3/2 Wegeventil.

Sinnbild:

b) Wie viele Anschlüsse und wie viele Schaltstellungen hat dieses Ventil?

Säulenbohrmaschine

Projekt 5

Die Säulenbohrmaschine wird zum Bohren von Werkstücken in einer Werkstatt verwendet. In festgelegten Zeitabständen muss die Säulenbohrmaschine gewartet werden, um einen störungsfreien Betrieb, die Leistungsfähigkeit und eine lange Lebensdauer zu gewährleisten.

Die Wartung der Säulenbohrmaschine führt im Allgemeinen der Bediener anhand einer Wartungsanleitung und eines Schmierplanes durch. Dazu sind diese Unterlagen gewissenhaft zu lesen und einzuhalten. Die Nichteinhaltung der Wartungsanleitung und des Schmierplanes kann zu Störungen und gegebenenfalls zum Ausfall der Bohrmaschine führen.

Zentrale Lerninhalte

Technologie

- Wartung
- Schmiermittel
- Reinigen
- Umgang mit elektrischem Strom
- Arbeits- und Umweltschutz

Technische Mathematik

- Achsendiagramme
- Kreisdiagramme
- Prozentrechnung

Technische Darstellung

- Schmierplan
- Wartungsanleitung

5 Säulenbohrmaschine

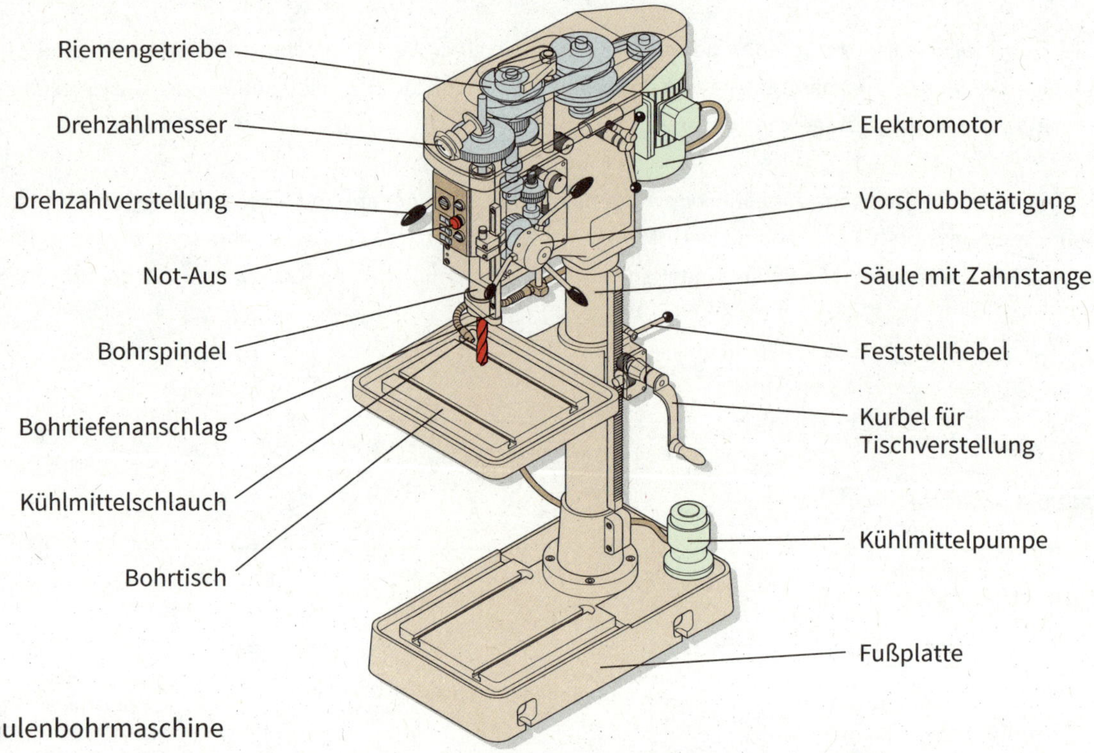

Säulenbohrmaschine

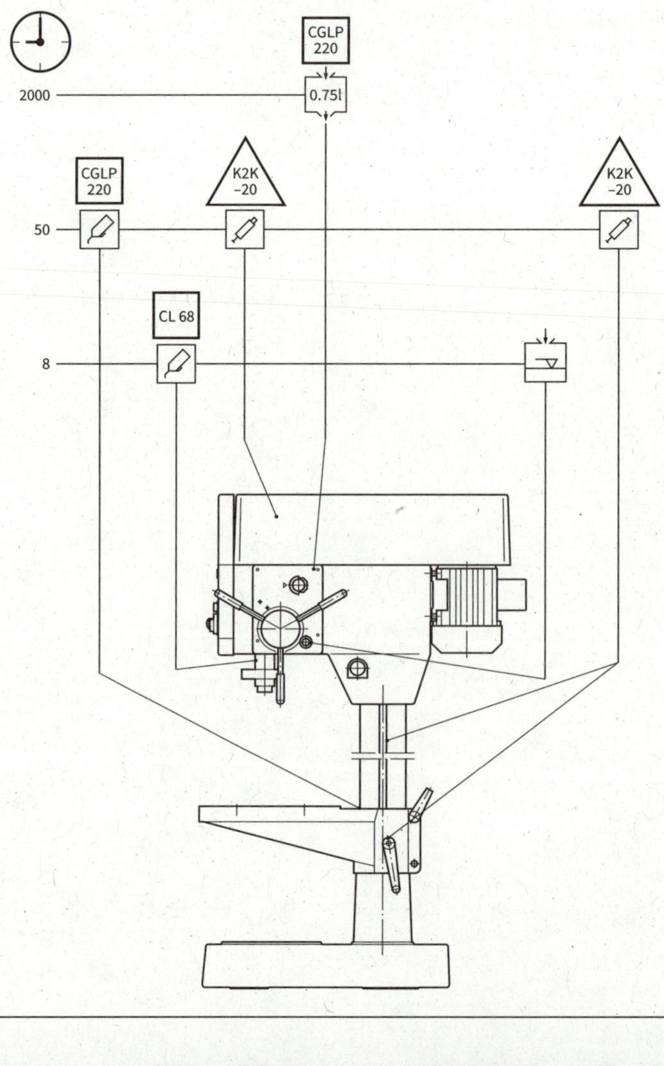

Schmierplan

! Wartung von Werkzeugmaschinen

Die Aufgabe der Wartungsmaßnahmen ist es, den funktionsfähigen Zustand der Werkzeugmaschinen zu bewahren. Durch die Wartung werden Abnutzung und Verschleiß der Werkzeugmaschinen verzögert. Die Wartungsarbeiten sind durch den Bediener der Maschine mit großer Sorgfalt durchzuführen.

Teilmaßnahmen der Wartung:

Wartung

Reinigen	Schmieren	Ergänzen	Auswechseln	Nachstellen
Kontaktstellen Sichtfenster	Getriebe Lager Führungen	Kühlmittel Öle Fette	Schlauch- klemme Leuchtmittel	Anschläge Messzeiger Zeituhren

Bei der Wartung von Werkzeugmaschinen ist auf die Gefahr durch elektrischen Strom zu achten. Die Durchführung der Wartung darf nur an einer stromfreien Maschine erfolgen.

1. Die Wartung der Säulenbohrmaschine besteht aus verschiedenen Teilmaßnahmen. Ordnen Sie den folgenden Teilmaßnahmen der Wartung jeweils mindestens zwei Tätigkeiten zu.

Teilmaßnahme	Tätigkeit an der Säulenbohrmaschine

2. Für das Schmieren der Säulenbohrmaschine können unterschiedliche Schmiermittel verwendet werden. Welche Schmiermittel wählen Sie dafür aus?

3. Welche Aufgaben haben die Schmierstoffe bei ihrem Einsatz an der Säulenbohrmaschine zu erfüllen?

4. Die Säulenbohrmaschine muss in regelmäßigen Abständen gereinigt werden. Warum ist die Reinigung notwendig?

5. An welchen 5 typischen Bauteilen ist eine regelmäßige Reinigung der Säulenbohrmaschine notwendig?

6. Die Schmierung der Säulenbohrmaschine erfolgt nach dem Schmierplan. Welche Informationen beinhaltet der Schmierplan?

7. Beim Schmieren der Säulenbohrmaschine sind besondere Vorschriften zu beachten. Wo finden Sie Vorschriften zum Schmieren der Säulenbohrmaschine?

8. Wie tragen Sie beim Umgang mit Schmierstoffen zum Umweltschutz bei?

9. Erklären Sie mithilfe Ihres Tabellenbuches die Angaben zu den Schmierstoffen.

K2K −20

CGLP 220

CL 68

10. Welche Nachstellarbeiten werden an den aufgelisteten Bauteilen in der Regel notwendig?

Bauteil	Nachstellarbeiten
Keilriemen	
Rückholfeder für den Handhebel	
Maschinentisch	

11. Es ist ein defektes Stromleitungskabel durch den Bediener festgestellt worden. Wie sollte sich in diesem Fall der Bediener verhalten?

12. Die Wartung der Säulenbohrmaschine darf nur an der stromfreien Maschine erfolgen.

a) Wer darf Maschinen stromfrei schalten?

b) Wie wird auf Gefahren durch den elektrischen Strom hingewiesen?

13. Durch welche Maßnahmen wird die Säulenbohrmaschine spannungsfrei geschaltet?

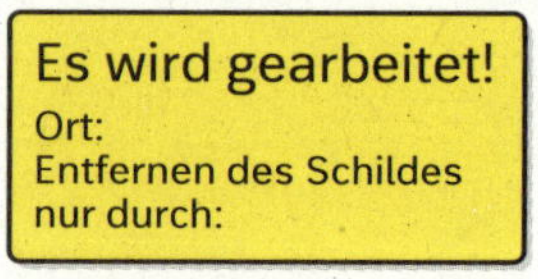

14. Bei Arbeiten an der Säulenbohrmaschine ist ein elektrischer Betriebsunfall eingetreten. Wie verhalten Sie sich in dieser Situation?

15. Welche der Verhaltensmaßnahmen bei einem elektrischen Betriebsunfall sind auf den Abbildungen dargestellt?

a)

b)

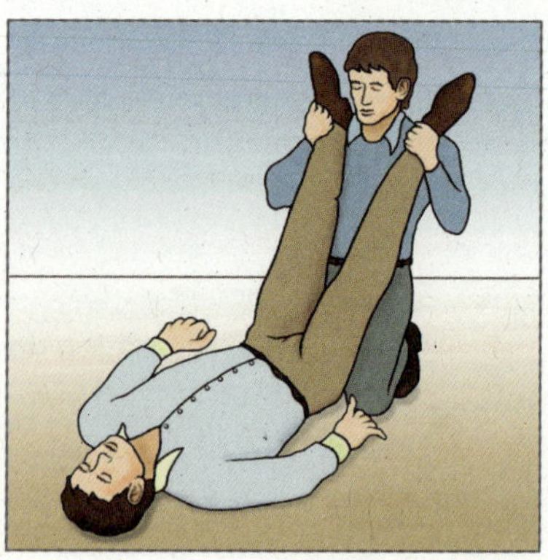

! Achsendiagramme und Kreisflächendiagramme

Ein Diagramm ist eine grafische Darstellung von Daten, Sachverhalten oder Informationen. Sie tragen wesentlich zur besseren Anschaulichkeit bei. Je nach der Zielsetzung des Diagramms kann unter verschiedenen Diagrammtypen gewählt werden.

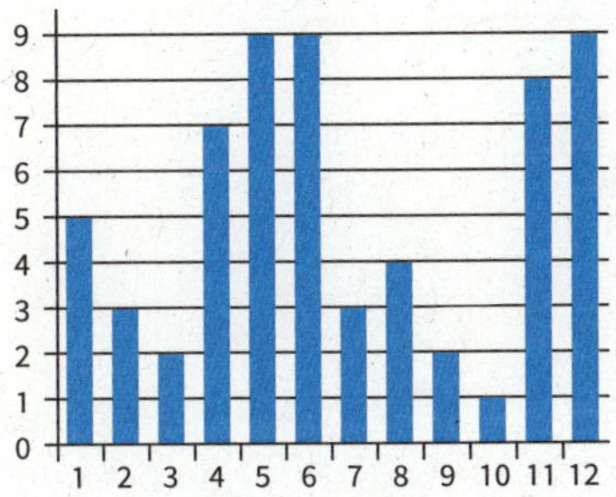

Achsendiagramme

Achsendiagramme dienen zur Veranschaulichung der Zusammenhänge zwischen zwei (xy-Diagramm) abhängigen Werten oder Messgrößen. Ein Beispiel für Achsendiagramme sind Säulendiagramme.

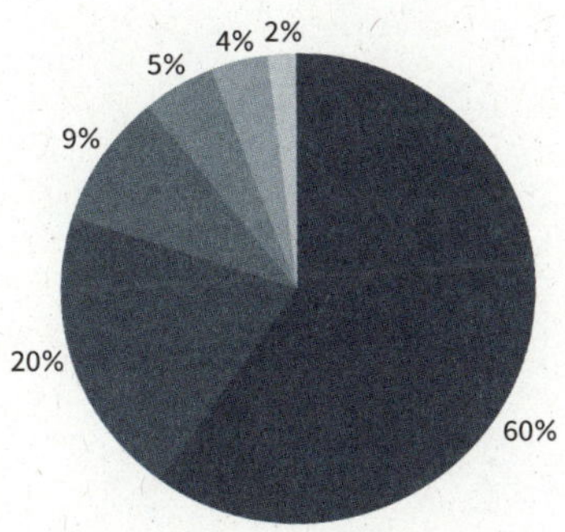

Kreisflächendiagramme

Sind die Einzelwerte Teile eines Ganzen, so kann man die Werte in Form von Kreissektoren zeichnen, um die Größenverhältnisse ihrer Anteile darzustellen. Der Vollkreis entspricht dabei 100 %.

Bei der Lösung des Kreisdiagramms ist wie folgt umzurechnen:
Die Größe der Kreissektoren muss als Teil des Ganzen ermittelt werden.

$100\,\% = 360°$
$1\,\% = 3{,}6°$
$5\,\% = 3{,}6° \times 5 = 18°$

1. Der Ölverbrauch betrug für die Schmierung der Säulenbohrmaschine:
- im Februar 2 l,
- im März 2,8 l,
- im April 5 l und
- im Mai 4,2 l.

Stellen Sie den Ölverbrauch für den genannten Zeitraum in einem Säulendiagramm dar.

2. Auf der Säulenbohrmaschine wurden zwischen den einzelnen Wartungszyklen folgende Bauteilstückzahlen hergestellt:
- vor dem 1. Wartungszyklus 25 Stück,
- vor dem 2. Wartungszyklus 38 Stück,
- vor dem 3. Wartungszyklus 30 Stück,
- vor dem 4. Wartungszyklus 35 Stück.

Stellen Sie die hergestellten Stückzahlen durch ein Säulendiagramm dar.

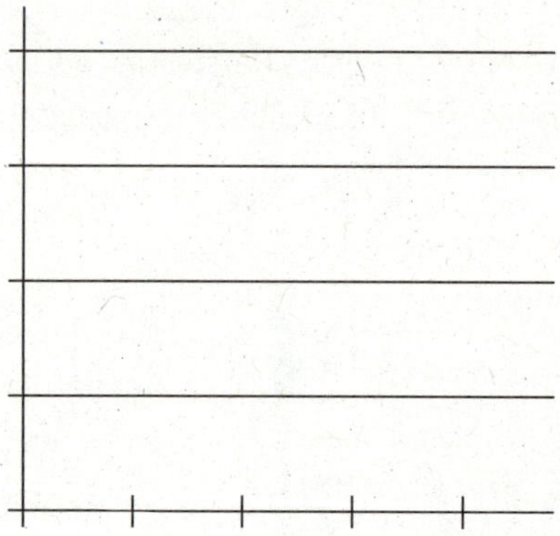

3. Bei der Bearbeitung von Werkstücken auf der Säulenbohrmaschine gehen 15 % der Energie durch Reibung und 5 % durch Wärme verloren. Stellen Sie diese Energieverluste in einem Kreisflächendiagramm dar. Wieviel Energie verbleibt für die Bearbeitung auf der Maschine?

Lösung:

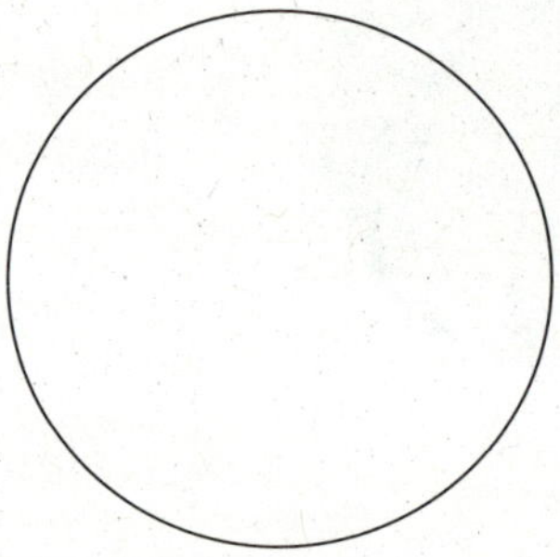

4. Für die Schmierung der Säulenbohrmaschine werden 65 % Schmieröle und 35 % Schmierfette eingesetzt. Stellen Sie die einzelnen Anteile an Schmierstoffen in einem Kreisflächendiagramm dar.

Lösung:

! Wartungsanleitung und Schmierplan

Die Wartungsanleitung ist Bestandteil der Betriebsanleitung und ist einzuhalten. Die Wartungsanleitung enthält Angaben zur Durchführung der Wartung. Die Nichteinhaltung kann zu Störungen an der Maschine, zu fehlerhaften Produkten und unter Umständen zum Verlust der Gewährleistung führen.

Hersteller:	**Wartungsanleitung**							Maschine: Säulenbohrmaschine
Lfd. Nr.	Auszuführende Arbeiten	Mess- und Prüfgrößen; Betriebs- und Hilfsstoffe	Häufigkeit [1]					Bemerkungen
			h	d	w	m	a	
1	Riemengetriebe							
1.1	Riemenspannung überprüfen	Mit Hand 2 – 3 cm zusammendrücken				X		
1.2	Riemenspannung nachstellen							Falls erforderlich
1.3	Drehzahlbegrenzung nachstellen	Scheibenabstand 0,2 – 0,3 mm				X		Höchste angegebene Drehzahl einstellen

[1] h = stündlich; d = täglich; w = wöchentlich; m = monatlich; a = jährlich

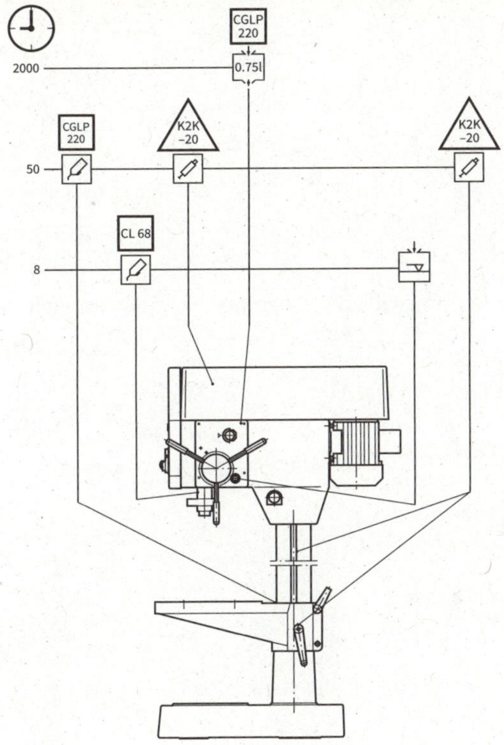

Der Schmierplan enthält Informationen über die Schmierung eines technischen Systems. Die Versorgung der Schmierstellen einer Anlage erfolgt nach dem Schmierplan.

Der Schmierplan enthält Angaben über:
- Schmierstellen
- Schmiermittel
- Schmierverfahren
- Schmiermenge und
- Schmierhäufigkeit.

5 Säulenbohrmaschine

1. Welche technische Unterlagen sollten Ihnen zur Wartung der Säulenbohrmaschine zur Verfügung stehen?

____

____

2. Suchen Sie aus dem Schmierplan die einzusetzenden Schmierstoffe heraus. Welche der eingesetzten Schmierstoffe sind Öle und welche Fette?

____

____

____

3. Erklären Sie folgende Sinnbilder für Wartungsarbeiten aus dem Schmierplan.

Sinnbild	Angaben zu Wartungsarbeiten

4. Wo finden Sie im Schmierplan der Säulenbohrmaschine die Zeitintervalle der einzelnen Schmiertätigkeiten?

____

____

____

____

____

____

Bolzen

Für eine Laufrolle ist ein Lagerbolzen mit einer Länge von 100 mm und einem Durchmesser von 22 mm neu zu drehen. Der Bolzen ist in einer Lagerbuchse gelagert und überträgt keine Drehmomente. Dadurch werden nur geringe Anforderungen an seine Festigkeit gestellt.

Als Ausgangsmaterial wird ein Rundstab aus C 45 mit einem Durchmesser von 40 mm verwendet. Der Bolzen muss auf eine Rohlänge von 103 mm vom Ausgangsmaterial abgetrennt werden. Im Bolzen ist eine Bohrung mit Durchmesser 6 mm für den Splint einzubringen. Die Phasen werden mit 1,5 x 45° in der Zeichnung angegeben. Die Oberflächenrauheit beträgt $R_Z = 3$.

Zentrale Lerninhalte

Technologie

- Aufbau von Drehmaschinen
- Werkzeuge zum Drehen
- Drehverfahren

Technische Mathematik

- Berechnung Umdrehungsfrequenz
- Berechnung Schnittgeschwindigkeit
- Berechnung Vorschub

Technische Darstellung

- Einzelteilzeichnungen
- Toleranzangaben
- Oberflächenangaben
- Teilschnitt (Ausbruch)

6 Bolzen

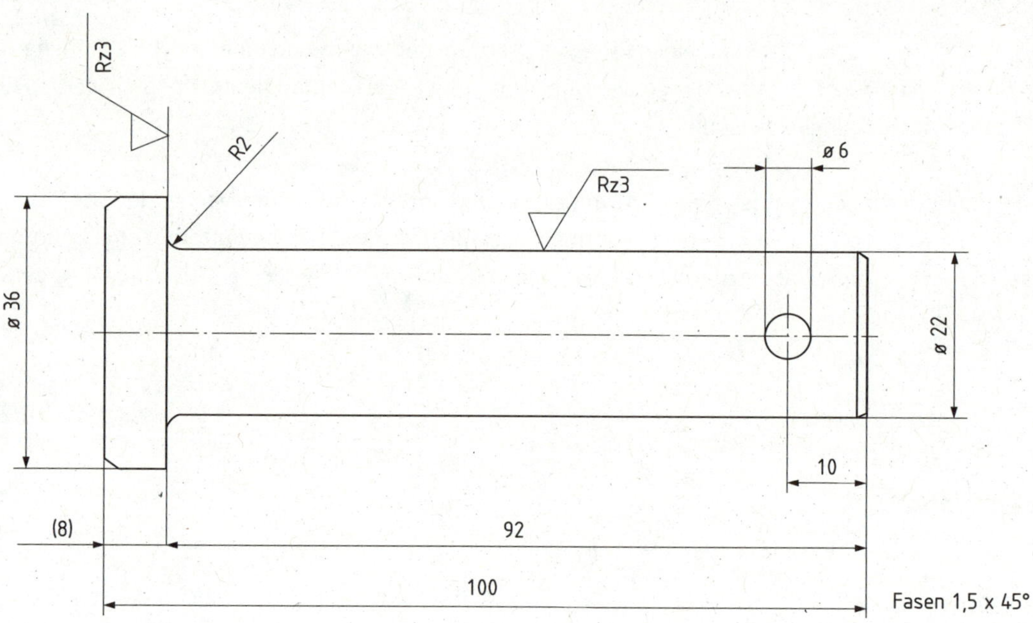

Zeichnung Bolzen Maßstab 1:1

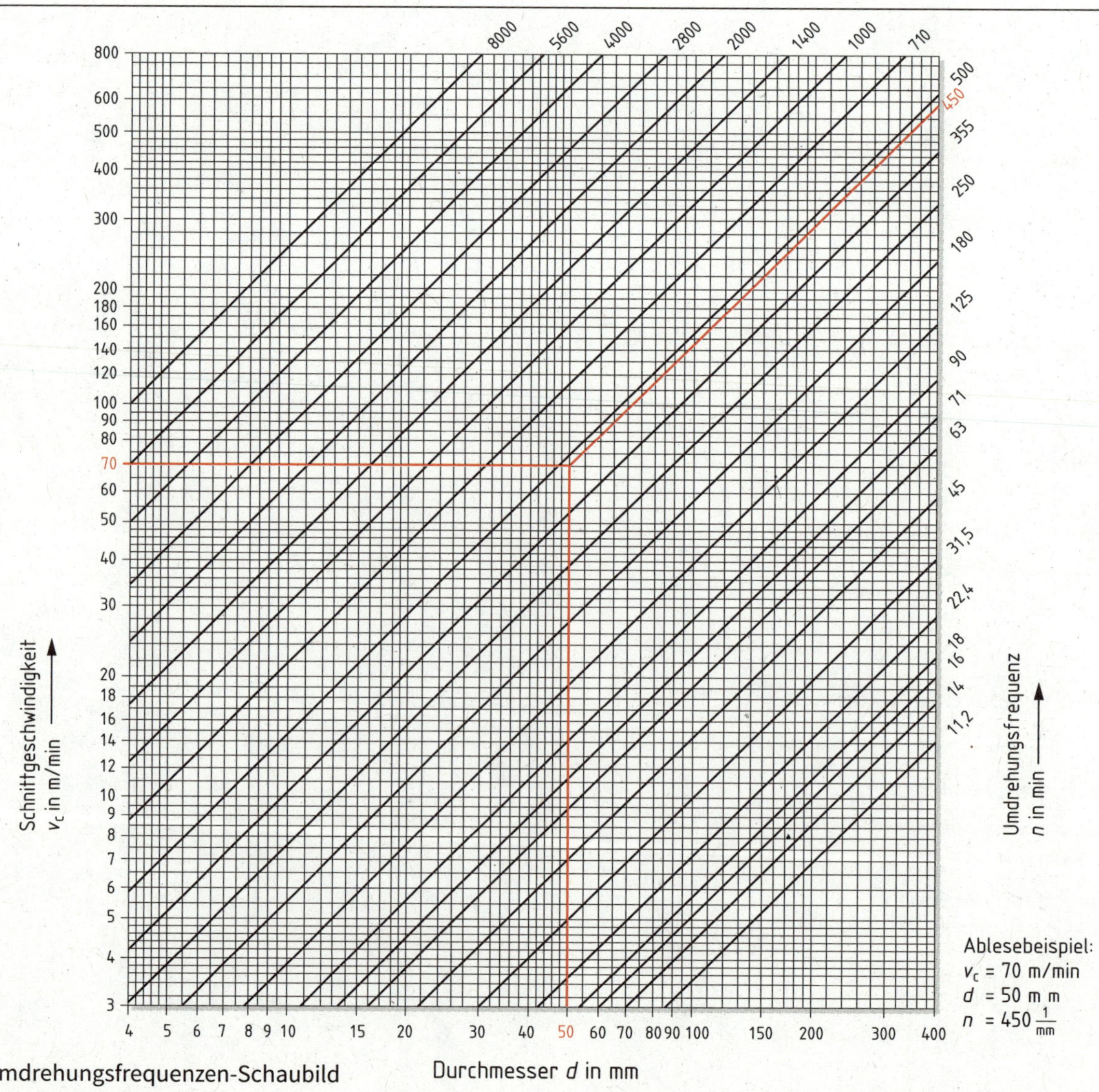

Umdrehungsfrequenzen-Schaubild

1. Bezeichnen Sie die Bauteile der abgebildeten Universaldrehmaschine.

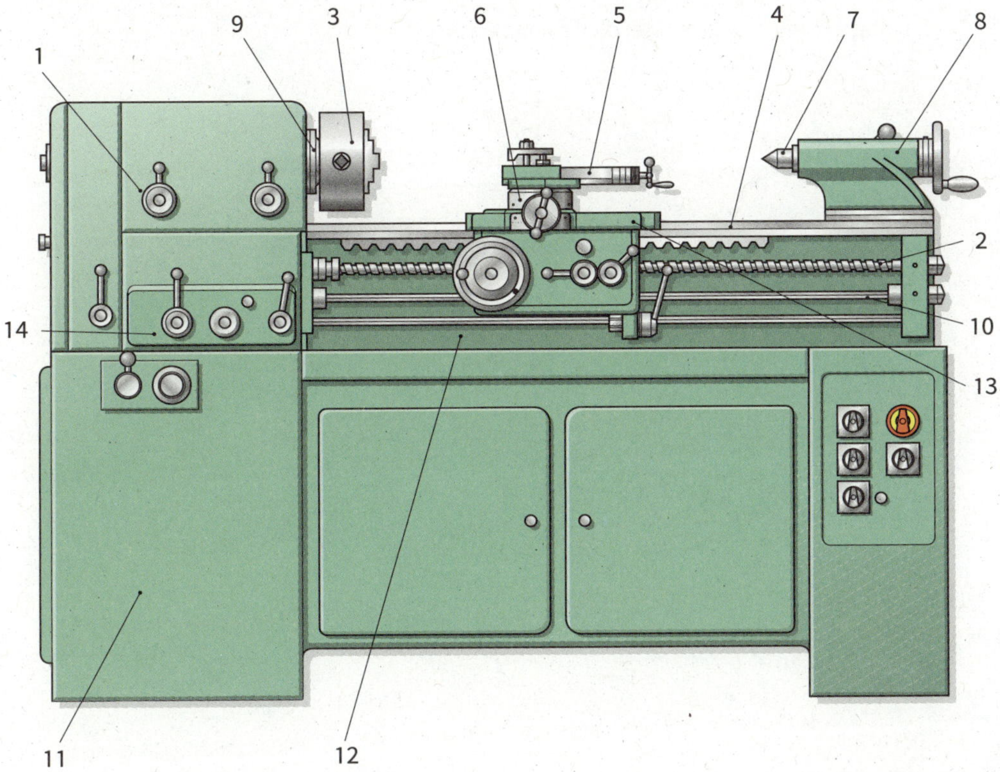

1 ____________ 6 ____________ 11 ____________

2 ____________ 7 ____________ 12 ____________

3 ____________ 8 ____________ 13 ____________

4 ____________ 9 ____________ 14 ____________

5 ____________ 10 ____________

2. Bei der Bearbeitung des Bolzens sind die entsprechende Umdrehungsfrequenz, Vorschub und Werkzeug auszuwählen. Durch welche Faktoren erreicht man dabei eine hohe Oberflächenqualität des Werkstückes?

Name ____________ Klasse ______ Datum ______

3. Für die Dreharbeit ist ein geeigneter Drehmeißel auszuwählen. Dazu sind Kenntnisse über Flächen und Winkel an der Drehmeißelschneide erforderlich.

a) Ergänzen Sie am abgebildeten Drehmeißel die fehlenden Begriffe.

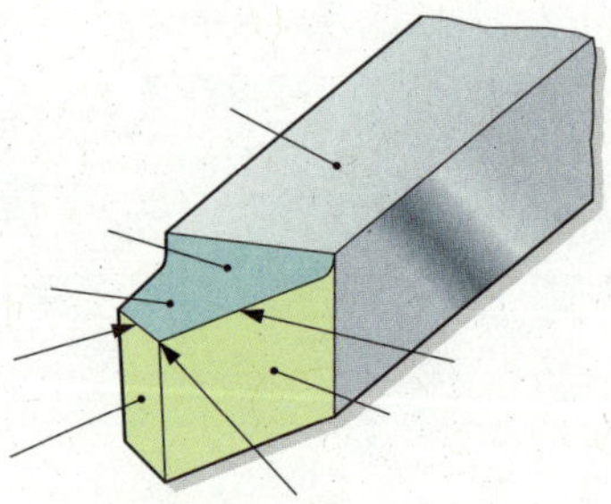

b) Bezeichnen Sie die abgebildeten Winkel an der Drehmeißelschneide.

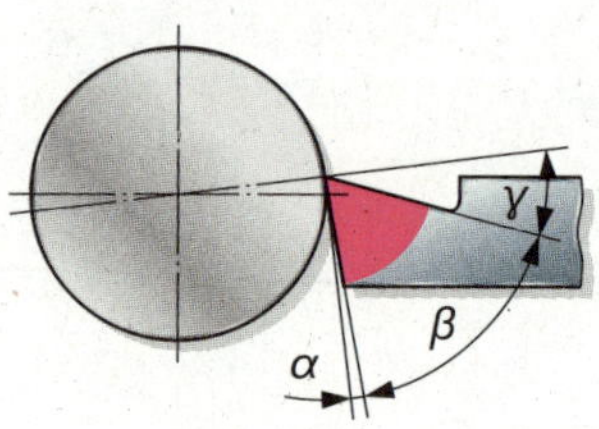

α = ________________

β = ________________

γ = ________________

4. Wie kann durch die Gestaltung des Drehmeißels eine glatte Oberfläche der Welle ohne Rillen und Riefen erreicht werden?

____

5. Für die Dreharbeit muss der Drehmeißel in den Werkzeughalter der Drehmaschine eingespannt werden. Was ist dabei zu beachten?

____

6. Der Bolzen soll von einem Rohling auf die erforderliche Rohlänge von 103 mm gebracht werden. Erläutern Sie das hierbei anzuwendende Drehverfahren.

____

____

7. Der Bolzen wird anschließend auf seine Länge von 100 mm und den Durchmesser von 22 mm bearbeitet. Erläutern Sie die dazu notwendigen Drehvorgänge anhand der beiden Abbildungen.

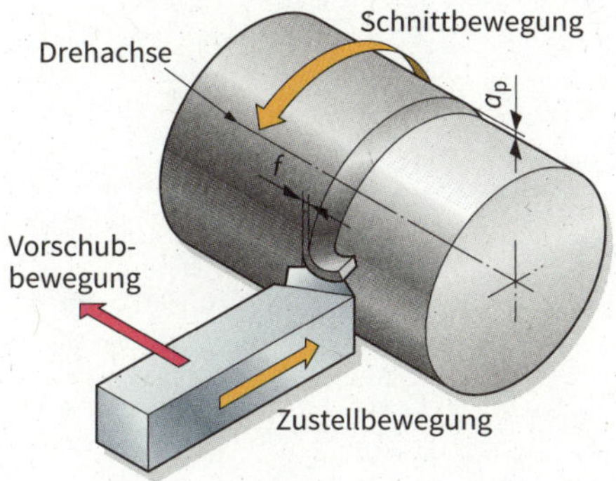

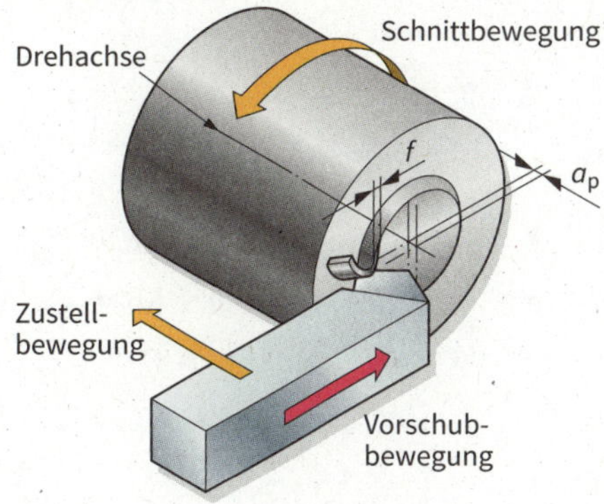

8. Bei der Bearbeitung des Bolzens können unterschiedliche Spanformen entstehen.

a) Ordnen Sie den Abbildungen die unterschiedlichen Spanformen zu.

1

2

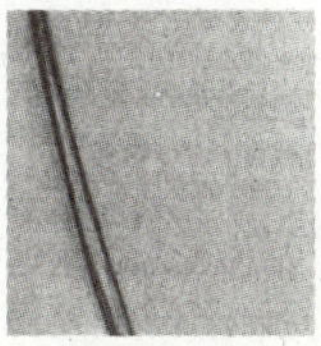
3

4

Spanform	Bandspäne	Wirrspäne	Spanbruchspäne	Fließspäne, kurz
Bildnummer				

b) Welche Spanart beeinflusst dabei die Oberflächengüte negativ?

c) Welche Spanart beeinflusst die Oberflächengüte positiv?

! Umdrehungsfrequenz und Schnittgeschwindigkeit beim Drehen

$$\text{Umdrehungsfrequenz} = n = \frac{v}{\pi \cdot d}$$

Die Umdrehungsfrequenz *n* beim Drehen wird als Anzahl der Umdrehungen des Werkstückes in einer festgelegten Zeiteinheit definiert. Die Schnittgeschwindigkeit v_c beim Drehen ist die Geschwindigkeit, mit der ein Span von einem Werkstück getrennt wird.

Schnittgeschwindigkeit v_c = Umfangsgeschwindigkeit *v* der Welle

$$v_c = \pi \cdot d \cdot n$$

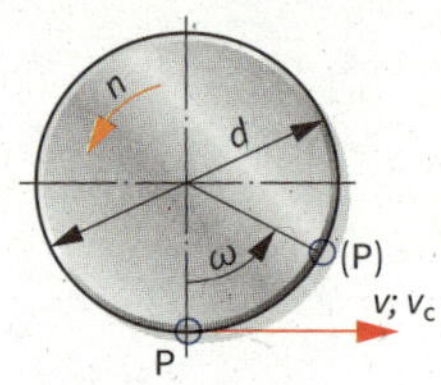

Da beim Trennen der Werkstückdurchmesser in mm angegeben wird ergibt sich:

$$v_c = \frac{\pi \cdot d \cdot n}{1000}$$

Werden Drehmaschinen mit Stufenrädergetrieben verwendet, ist die einstellbare Drehzahl für die Rechnung zu verwenden. Die Drehzahl wird oft aus Schaubildern ermittelt. Liegt das Ergebnis zwischen zwei abzulesenden Werten ist stets der Kleinere Wert zu verwenden.

1. Der zu fertigende Bolzen hat einen Rohdurchmesser von 40 mm. Welche Umdrehungsfrequenz ist bei einer Schnittgeschwindigkeit von v_c = 60 m/min beim Schruppen an der Drehmaschine einzustellen?

Gegeben: d = 40 mm
v_c = 60 m/min

Gesucht: *n* in 1/min

Lösung:

2. Der anzufertigende Bolzen mit 22 mm Durchmesser wird mit einer Umdrehungsfrequenz n = 710 1/min fertig gedreht. Wie groß ist die Schnittgeschwindigkeit v_c?

Gegeben: n = 710 1/min
d = 22 mm

Gesucht: v_c in m/min

Lösung:

3. Informieren Sie sich in dem Schaubild Umdrehungsfrequenzen und überprüfen Sie die angegebenen Werte für die Bearbeitung des Bolzens. An der Drehmaschine können folgende Umdrehungsfrequenzen eingestellt werden: 200 1/min, 250 1/min, 400 1/min, 450 1/min, 500 1/min, 560 1/min, 630 1/min und 710 1/min. Wählen Sie für den in Aufgabe 1 errechneten Wert die einzustellende Umdrehungsfrequenz aus. Begründen Sie ihre Entscheidung.

4. Wählen Sie aus dem Umdrehungsfrequenzen-Schaubild für einen Durchmesser von 22 mm und eine Schnittgeschwindigkeit von 70 m/min die an der Drehmaschine einzustellende Umdrehungsfrequenz aus.

5. Das Fertigdrehen des Bolzendurchmessers von 36 mm wird mit einer Schnittgeschwindigkeit v_c = 75 m/min durchgeführt. Bestimmen Sie aus dem Umdrehungsfrequenzen - Schaubild die an der Drehmaschine einzustellende Umdrehungsfrequenz.

Vorschub beim Drehen

Der Weg den ein Werkzeug oder ein Werkstück in mm zur Spanabnahme je Umdrehung oder Hub zurücklegt wird als Vorschub *f* bezeichnet. Bei stufenlosen Werkzeugmaschinen erfolgt dieser Weg stetig. Dabei unterscheidet man als Maß für die Größe der Vorschubbewegung zwischen:

- den Vorschub *f* in mm und
- der Vorschubgeschwindigkeit v_f in mm/min.

Vorschubgeschwindigkeit = Umdrehungsfrequenz · Vorschub je Umdrehung

$\mathbf{v_f = n \cdot f}$ **in mm/min** $\qquad$ $\mathbf{f = \frac{v_f}{n}}$ **in mm**

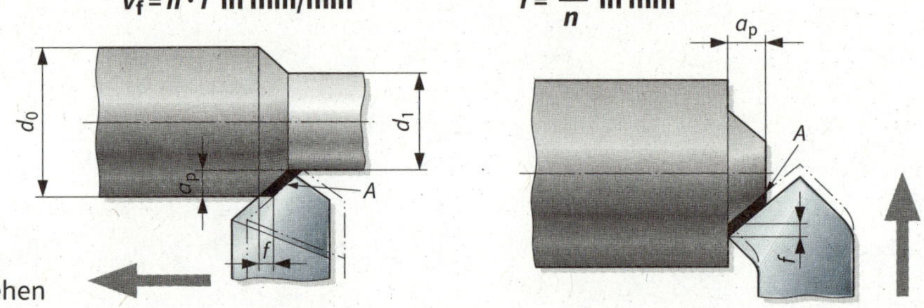

Längsrunddrehen Querplandrehen

6. Die Umdrehungsfrequenz zum Bearbeiten des Bolzendurchmessers 40 mm beträgt 450 1/min bei einer Vorschubgeschwindigkeit von 360 mm/min. Berechnen Sie die Größe des Vorschubs je Umdrehung des Werkstückes.

Gegeben: d = 40 mm
v_f = 360 mm/min
n = 450 1/min

Gesucht: *f* in mm

Lösung:

7. Der Durchmesser 22 mm des Bolzens wird mit der Umdrehungsfrequenz 710 1/min überdreht. An der Drehmaschine wurde ein Vorschub von 0,15 mm eingestellt. Berechnen Sie die Vorschubgeschwindigkeit.

Gegeben: d = 22 mm
f = 0,15 mm
n = 710 1/min

Gesucht: v_f in mm/min

Lösung:

Vorschub beim Bohren

Der Vorschub *f* gibt an, wie groß der Weg bei einer Umdrehung des Werkzeuges ist. Die Vorschubgeschwindigkeit v_f wird berechnet aus dem Vorschub und der Anzahl der Umdrehungen in einer Zeiteinheit (Umdrehungsfrequenz *n*).

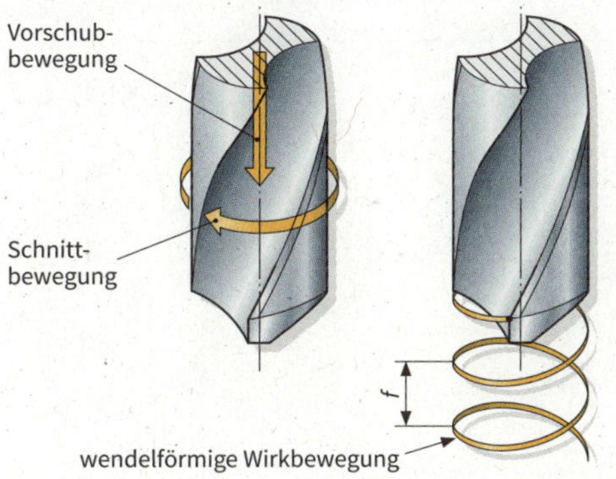

Vorschubgeschwindigkeit =
Umdrehungsfrequenz · Vorschub je Umdrehung

$$v_f = n \cdot f$$

Die Maßeinheit für die Vorschubgeschwindigkeit v_f ist mm/min.

Beim Bohren wird nicht die Vorschubgeschwindigkeit v_f eingestellt. Stattdessen stellt man den Vorschub *f* ein.

8. Bei der Bohrung im Bolzen, Durchmesser 6 mm wird mit einem Spiralbohrer aus HSS mit einer Umdrehungsfrequenz von 1000 1/min und einen Vorschub von 0,1 mm gearbeitet. Ermitteln Sie rechnerisch den Wert der Vorschubgeschwindigkeit. Auswahl: 250 1/min, 400 1/min, 500 1/min, 630 1/min, 710 1/min.

Gegeben: d = 6 mm
n = 1000 1/min
f = 0,1 mm

Gesucht: v_f in mm/min

Lösung:

9. Die in Aufgabe 8 berechnete Bohrung wird mit einer 6er Reibahle aus HSS bei einem Vorschub von 0,20 mm und einer Vorschubgeschwindigkeit von 60 mm/min ausgerieben. Welche Umdrehungsfrequenz ist an der Maschine einzustellen? Auswahl: 250 1/min, 400 1/min, 500 1/min, 630 1/min, 710 1/min.

Gegeben: d = 6 mm
v_f = 60 mm/min
f = 0,2 mm

Gesucht: n in1/min

Lösung:

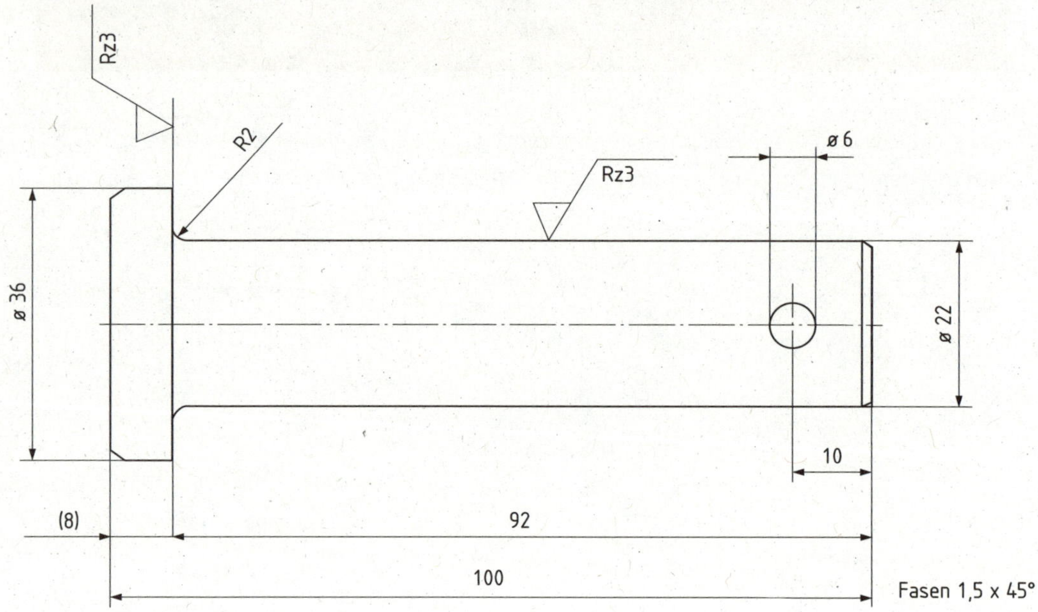

Zeichnung Bolzen Maßstab 1:1

1. In der Einzelteilzeichnung des Bolzens finden Sie das Oberflächenzeichen *Rz* 3. Erklären Sie diese Bezeichnung.

2. In der Zeichnung steht das Maß 8 für die Bundlänge in Klammern. Erklären Sie diese Maßangabe.

3. Für den Bolzen wurde eine Einzelteilzeichnung erstellt. Beim Bolzen handelt es sich um ein Drehteil. In welcher Lage werden Drehteile gezeichnet und wie viele Ansichten werden gefordert?

4. Die zu bearbeitenden Flächen des Bolzens wurden nach den Allgemeintoleranzen ISO 2768 – m hergestellt.

a) Erklären Sie die Bedeutung dieser Angabe und deren Geltungsbereich.

b) Wo finden Sie diese Angabe auf der Zeichnung?

5. Das Maß Durchmesser 22 h 9 ist als toleriertes Maß am Bolzen angegeben. Alle anderen Maße unterliegen den Allgemeintoleranzen ISO 2768 – m. Geben Sie für sämtliche Maße am Bolzen das Grenzabmaß, das Höchstmaß, das Mindestmaß und die Toleranz entsprechend der vorgegebenen Allgemeintoleranz an. Informieren Sie sich dazu im Tabellenbuch.

	Maß in mm	Grenzabmaß in mm	Höchstmaß in mm	Mindestmaß in mm	Toleranz in mm
Außendurchmesser					
Bohrungsdurchmesser					
Bundlänge					
Zapfenlänge					
Bolzenlänge					
Fase					

! Teilschnitt (Ausbruch)

Bei einem Teilschnitt wird nur ein begrenzter Bereich eines Werkstückes z. B. eine Nut oder eine Bohrung im Schnitt dargestellt. Ein häufig angewendeter Teilschnitt ist der Ausbruch. Der Bereich des Ausbruches wird durch eine Freihandlinie (schmale Volllinie) begrenzt. Diese Freihandlinie darf nicht mit einer Körperkante, Mittellinie oder anderen Hilfslinien deckungsgleich sein.

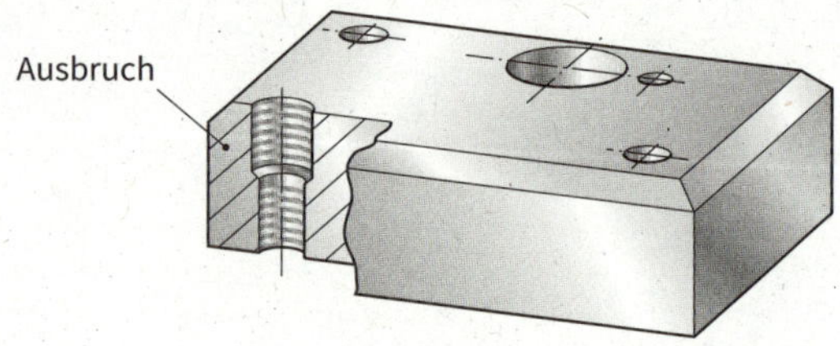

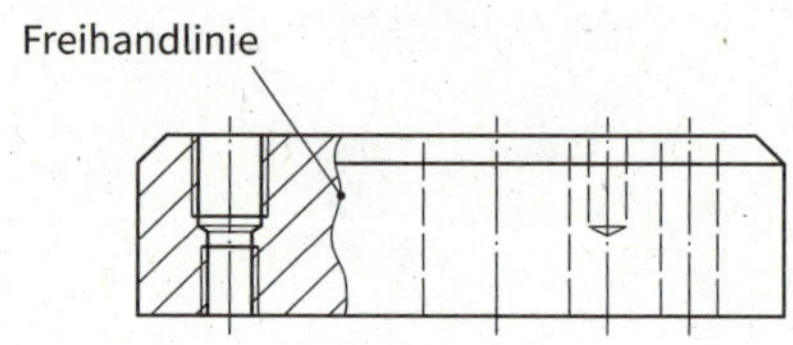

6. Fertigen Sie anhand der gegebenen Zeichnung eine Zeichnung des Bolzens mit einem Ausbruch im Bereich der Bohrung an.

Skizze:

Rollenlagerbock

Das Rollenlager wird zum Lagern von sehr langen Rohren und Rundprofilen beim Anreißen und anschließendem Brennschneiden benötigt.

Dabei sind je zwei Rollenlagerböcke auf einem Ständer befestigt. Um Werkstücke mit unterschiedlichem Durchmesser aufnehmen zu können ist jedes Rollenlagerpaar gegeneinander verschiebbar. Die Sicherung der Rollenlagerböcke gegen Verschieben wird durch Schrauben mit besonderen Profilköpfen erreicht.

Zentrale Lerninhalte

Technologie

- Werkstoffe
- Arbeitsplanung
- Schraubenverbindungen
- Arbeitsschutz

Technische Mathematik

- Berechnungen an Schrauben
- Festigkeitsklassen

Technische Darstellung

- Schnittdarstellungen
- Darstellung von Gewinden

7 Rollenlagerbock

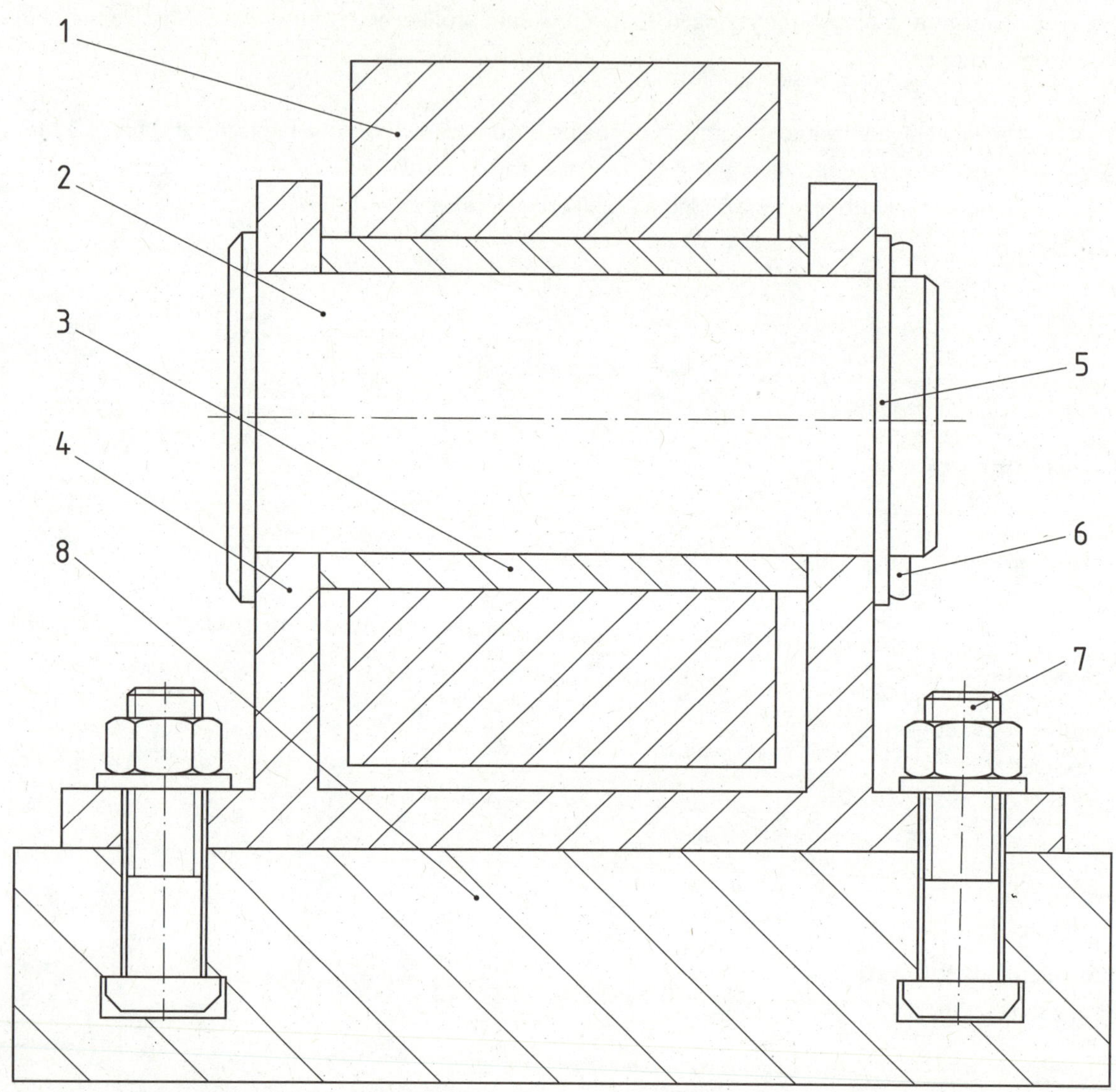

Rollenlager nicht maßstabsgerecht

Pos	Stück	Bezeichnung	Werkstoff/Norm-Kurzbezeichnung	Bemerkung
1	1	Rolle	GJL 200	
2	1	Bolzen	DIN 1436 – 301 11 x 100	mit Splintloch
3	1	Buchse	CuZn	
4	1	Lagerbock		
5	1	Scheibe	DIN1440	
6	1	Splint		
7	2	Hammerschraube	DIN 186 BM 10 x 50 – 3.6	
8	1	Grundplatte	GGL 20	

Stückliste

Fügen durch Schraubenverbindungen

Durch das Fügen mittels Schraubenverbindungen werden die Bauteile lösbar und kraftschlüssig miteinander verbunden.
Schrauben haben ein nach DIN ISO genormtes metrisches Gewinde. Die Festigkeitsklasse einer Schraube bzw. Mutter gibt an, wie hoch sie belastet werden darf. Dabei ist entscheidend, dass die Festigkeitsklasse der Schraube und der dazugehörigen Mutter aufeinander abgestimmt werden.
Zur Sicherung einer Schraubenverbindung gegen unbeabsichtigtes Lösen werden Schraubensicherungen verwendet.

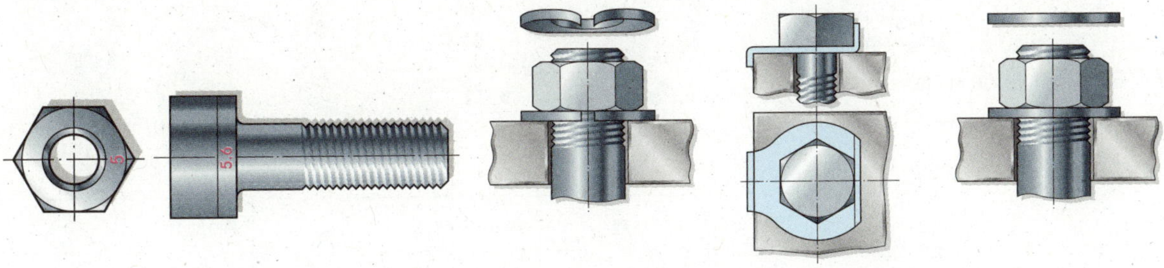

1. Informieren Sie sich anhand der Zeichnungen über die Funktion des Rollenlagers. Aus welchem Grund eignet sich das Rollenlager für das Anreißen von langen Rohren und Rundprofilen?

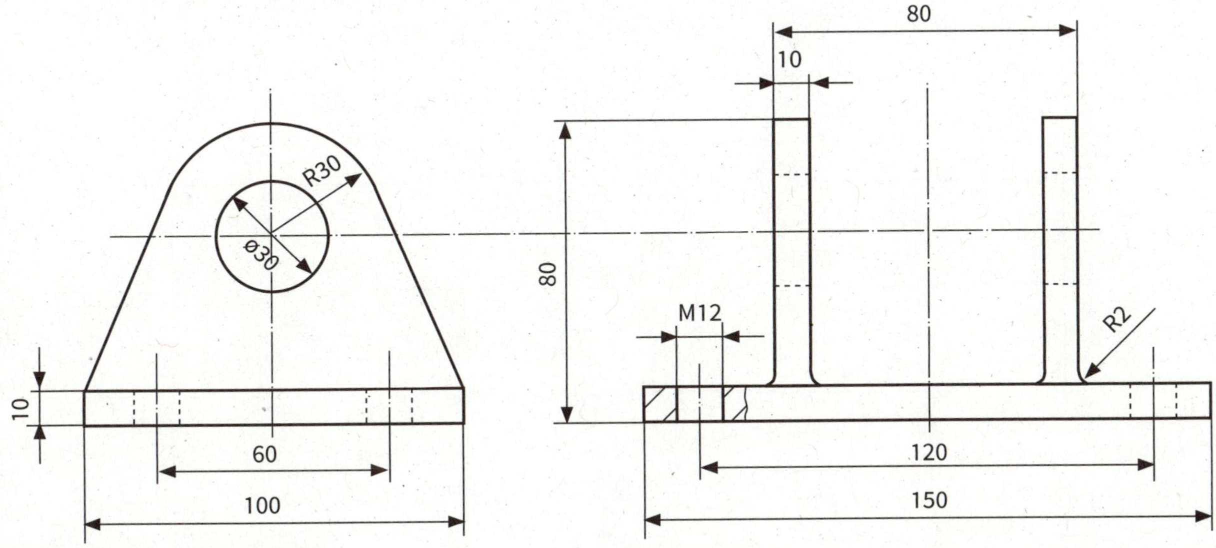

Rollenlagerbock Maßstab 1:2

2. Der Rollenlagerbock wurde aus GJL 200 gefertigt.

a) Erläutern Sie diese Materialbezeichnung.

b) Welche besonderen Eigenschaften hat der Werkstoff GJL 200 für den Einsatz beim Rollenlagerbock?

3. Für die Spezialschrauben Pos. 7 sind im Einzelteil Pos. 8 Nuten zu fertigen. Erstellen Sie dazu einen Arbeitsplan.

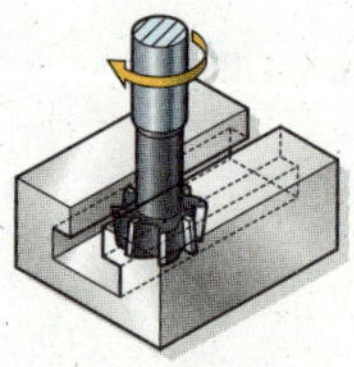

	Arbeitsplan	**Blatt-Nr. 1**	**Anzahl 1**
Benennung: ____ **Zeichen.-Nr. Sach.-Nr.** ____ **Halbzeug:** ____		**Auftragsnr.:** ____ **Stückzahl:** ____	**Name:** ____ **Klasse/Gr.:** ____
☒ **Einzelteil**	☐ **Montage/Demontage**	**Termin:** ____	**Kontr.-Nr.:** ____

Lfd.-Nr.	**Arbeitsvorgang**	**Arbeitsplatz**	**Arbeitsmittel**	**Bemerkung**
1	Anreißen der Nutform	Werkbank	Lineal, Reißnadel	
2				
3				
4				
5				
6				
7				
8				

4. Für die Befestigung des Rollenlagerbockes auf dem Ständer werden Hammerschrauben nach DIN 186 mit der Bezeichnung BM 10 x 50 - 3.6 verwendet. Informieren Sie sich über die Verwendung dieser Schrauben.

5. Die Schraubenverbindung zum Befestigen des Rollenlagerbockes auf der Grundplatte hat ein Befestigungsgewinde. Welche Eigenschaften hat dieses Gewinde bezüglich seines Verwendungszweckes?

6. Die Hammerschrauben werden mit der Bezeichnung DIN 186 - BM 10 x 50 - 3.6 in der Stückliste angegeben. Erläutern Sie die Schraubenbezeichnung.

BM 10 -

50 -

3.6 -

7. Beim Anziehen der Schrauben Pos. 7 entsteht das Anziehdrehmoment M_A. Wovon ist das Anziehdrehmoment abhängig?

8. Warum muss bei der Berechnung der Vorspannkraft F_v ein Wirkungsgrad berücksichtigt werden?

9. Welche Arbeitsschutzbestimmungen sind beim Anziehen der Hammerschraubenverbindung zum Befestigen des Rollenlagerbockes zu beachten?

10. Die Schrauben des Rollenlagerbockes sollen nach längerer Betriebszeit zum Zweck der Instandsetzung gelöst werden. Sie stellen fest, dass sich Diese mit einem normalen Gabelschlüssel nicht lösen lassen. Wie gehen sie weiter vor?

11. Schraubenverbindungen können durch kraftschlüssige, formschlüssige und stoffschlüssige Schraubensicherungen gegen unbeabsichtigtes Lösen gesichert werden. Ordnen Sie den Abbildungen die richtigen Begriffe zu.

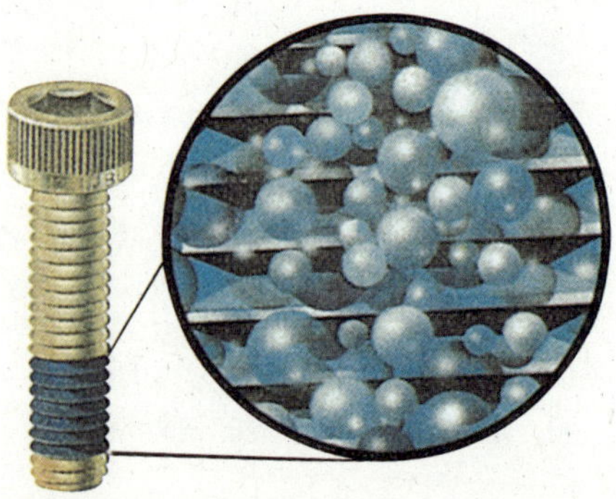

1

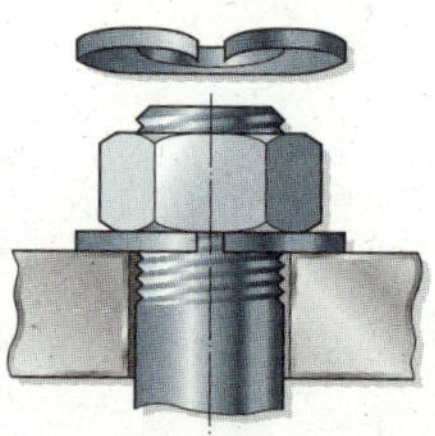

2

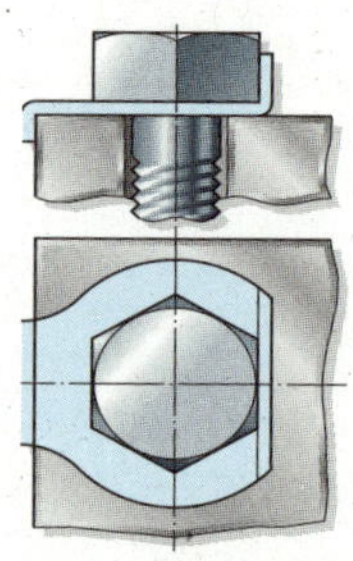

3

Art der Schraubensicherung	Bildnummer
kraftschlüssig	
formschlüssig	
stoffschlüssig	

12. Neben Schraubensicherungen werden zur Herstellung einer Schraubenverbindung oft Unterlegscheiben verwendet. Was bewirken Unterlegscheiben in einer Schraubenverbindung?

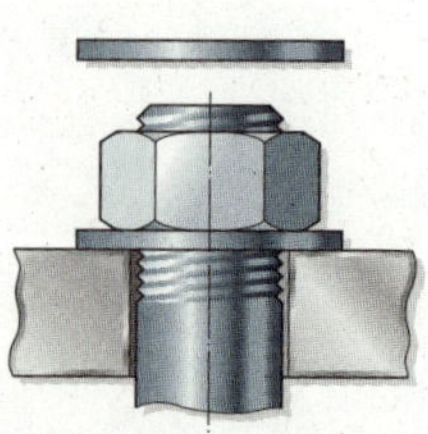

! Anziehdrehmoment, Vorspannkraft und Umfangskraft

Wird eine Schraube mit einem Schraubenschlüssel angezogen, entsteht ein Drehmoment. Die Größe des Anziehdrehmoments M_A ist von der Handkraft F_H und von der Hebellänge l abhängig.
Das Anziehdrehmoment M_A wirkt nach dem Hebelgesetz auch an der Schraube. Dort erzeugt es am Flankendurchmesser d_2 die Umfangskraft F_U.

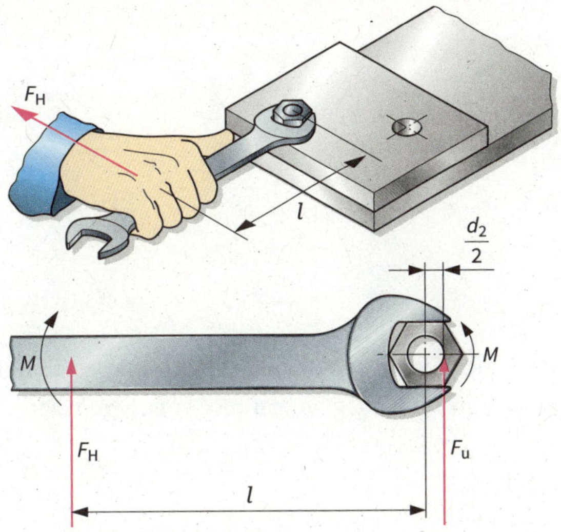

$$M_A = F_H \cdot l \qquad M_A = F_U \cdot \frac{d_2}{2}$$

$$F_H \cdot l = F_U \cdot \frac{d_2}{2}$$

$$F_U = \frac{2 \cdot F_H \cdot l}{d_2}$$

Durch die Keilwirkung des Gewindes wird die Umfangskraft F_U verstärkt. Sie wirkt als Vorspannkraft F_V zwischen den Bauteilen und als Zugkraft im Schraubenbolzen. Die Vorspannkraft F_V ist vom Anziehdrehmoment M_A und der Gewindesteigung P abhängig.

$$M_A = \frac{F_V \cdot P}{2 \cdot \pi \cdot \eta} \qquad F_V = \frac{2 \cdot \pi \cdot \eta \cdot M_A}{P}$$

Die Vorspannkraft kann Tabellen entnommen werden. Reibungsverluste in Schraubenverbindungen sind hoch und betragen ca. 90%.

M_A – Anziehdrehmoment
F_H – Handkraft
F_V – Vorspannkraft
F_U – Umfangskraft
P – Steigung
l – Hebellänge
d_2 – Flankendurchmesser
η – Wirkungsgrad

1. Die Hammerschrauben werden mit einer Handkraft von 150 N angezogen. Die Hebellänge des Doppelmaulschlüssels beträgt 260 mm. Wie groß ist das Anziehdrehmoment?

Gegeben: F_H = 150 N
l = 260 mm = 0,26 m

Gesucht: M_A in Nm

Lösung:

2. Berechnen Sie die Vorspannkraft beim Anziehen der Hammerschrauben nach Aufgabe 1, wenn der Wirkungsgrad 18 % beträgt. Die Steigung der Schraube beträgt 1 mm.

Gegeben: $M_A = 39$ Nm
$P = 1$ mm
$\eta = 0{,}18$

Gesucht: F_V in N

Lösung:

3. Berechnen Sie die Vorspannkraft der Hammerschrauben, wenn diese mit einem Anziehdrehmoment von 46 Nm und einem Wirkungsgrad von 15 % angezogen werden.

Gegeben: $M_A = 46$ Nm
$P = 1$ mm
$\eta = 0{,}15$

Gesucht: F_V in N

Lösung:

4. Zum Befestigen der Grundplatte des Rollenlagers auf einem Stahltisch werden Sechskantschrauben DIN EN ISO 4014 M 16 x 1,5 verwendet. An dem Doppelmaulschlüssel mit einer Hebellänge von 400 mm greift eine Handkraft von 600 N an.

a) Berechnen Sie das Anziehdrehmoment M_A, welches auf die Schraube wirkt.

Gegeben: $F_H = 600$ N
$l = 400$ mm $= 0{,}4$ m

Gesucht: M_A in Nm

Lösung:

b) Berechnen Sie die Umfangskraft F_u an der Schraube.

Gegeben: $F_H = 600$ N
$l = 400$ mm
$d_2 = 14{,}7$ mm

Gesucht: F_u in N

Lösung:

Festigkeitsklassen von Schrauben

Die Festigkeitsklasse einer Schraube gibt an wie hoch sie belastet werden darf.
Die Festigkeitsklasse der Schrauben aus Stahl wird durch zwei Kennzahlen angegeben. Die erste Zahl enthält verschlüsselt die Angabe zur Mindestzugfestigkeit R_m, die zweite Zahl enthält verschlüsselt die Angabe zur Streckgrenze R_e bzw. zur Dehngrenze R_p 0,2.
Die Festigkeitsklasse einer Mutter wird durch eine Kennzahl oder ein Symbol für die Festigkeitsklasse angegeben. Die Kennzahl enthält verschlüsselt die Angabe zur Mindestzugfestigkeit R_m des Werkstoffes der Schraube, mit der die Mutter gefügt werden darf.

Angabe auf den Kopf einer Schraube

5.6

5 x 100 = 500
Mindestzugfestigkeit $R_m = 500\ \text{N/mm}^2$

5 x 6 x 10 = 300
Streckgrenze $R_e = 300\ \text{N/mm}^2$

Angabe auf einer Mutter

5

5 x 100 = 500
Mindestzugfestigkeit der Schraube
$R_m = 500\ \text{N/mm}^2$

Dabei ist es entscheidend, dass die Festigkeitsklasse der Schraube und der dazugehörigen Mutter aufeinander abgestimmt werden.

5. Die Hammerschrauben sind mit der Festigkeitsklasse 3.6 gekennzeichnet. Berechnen Sie die Zugfestigkeit und die Streckgrenze der Schrauben. Informieren Sie sich dazu in ihrem Tabellenbuch.

Gegeben: Festigkeitsklasse 3.6

Gesucht: R_m in N/mm²
R_e in N/mm²

Lösung:

6. Die Sechskantschrauben DIN EN ISO 4014 M 16 x 1,5 zum Befestigen der Grundplatte des Rollenlagers auf einem Stahltisch besitzen die Festigkeitsklasse 8.8. Berechnen Sie die Zugfestigkeit und die Streckgrenze der Schrauben.

Gegeben: Festigkeitsklasse 8.8

Gesucht: R_m in N/mm²
R_e in N/mm²

Lösung:

7 Rollenlagerbock

Halbschnitt

Der Halbschnitt wird vorzugsweise bei symmetrischen Hohlkörpern angewendet. Beim Halbschnitt ist ein Viertel des Werkstückes gedanklich abgetrennt. In der Ansichtshälfte bleibt die äußere Form sichtbar. In der Schnitthälfte wird die innere Form dargestellt.

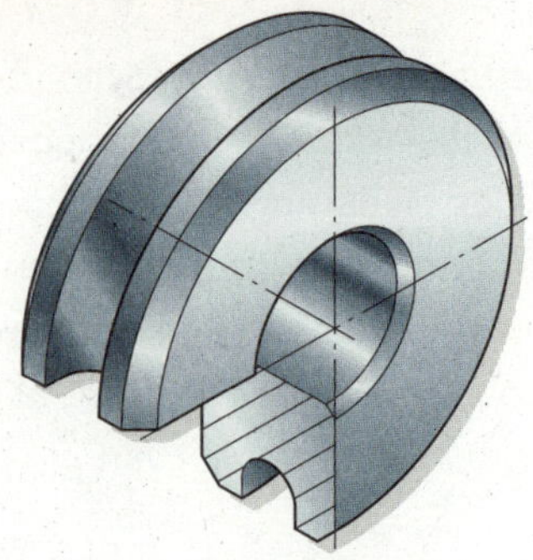

Die Schnitthälfte wird bei waagerechter Mittellinie rechts von dieser angeordnet. Bei der Bemaßung werden die Maße für die Innen- und Außenformen gruppiert:

① Maße für die Außenformen sind in der Ansichtshälfte und

② die Maße für die Innenformen in der Schnitthälfte eingetragen.

③ Durchmessermaße für Innenformen erhalten nur eine Maßlinienbegrenzung.

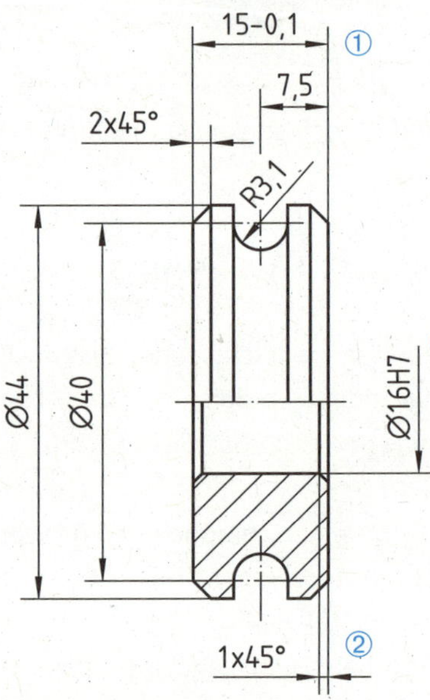

1. Informieren Sie sich über Schnittdarstellungen.

a) Bei welchen Bauteilen werden Schnittdarstellungen angewendet? Nennen Sie die Bauteile des Rollenlagers, die in Schnittdarstellung dargestellt werden können.

Bauteile des Rollenlagers:

b) Welche Bauteile werden nicht als Schnittdarstellung gezeichnet? Nennen Sie die Bauteile des Rollenlagers, die nicht in Schnittdarstellung dargestellt werden.

Bauteile des Rollenlagers:

 Name Klasse Datum

2. Stellen Sie den Rollenlagerbock im Maßstab 1:1 in der Vorderansicht als Halbschnitt dar.

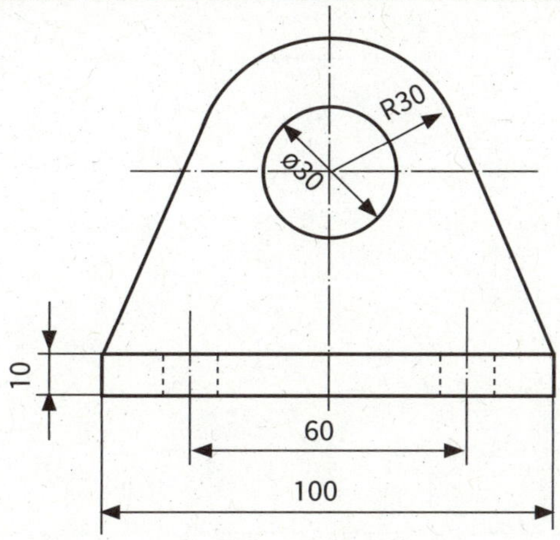

Seitenansicht Maßstab 1:2

Halbschnitt Maßstab 1:1

3. Zeichnen Sie die Hammerschraube BM 10 x 50 – 3.6 im Maßstab 1:1. Informieren Sie sich im Tabellenbuch über die erforderliche Bemaßung.

Hammerschraube Maßstab 1:1

4. Die Grundplatte wird auf einen Stahltisch aufgeschraubt. Dazu werden Sechskantschrauben DIN EN ISO 4014 M 16 x 1,5 verwendet. Tragen Sie die fehlenden Bezeichnungen an die sinnbildlich dargestellte Schraube an.

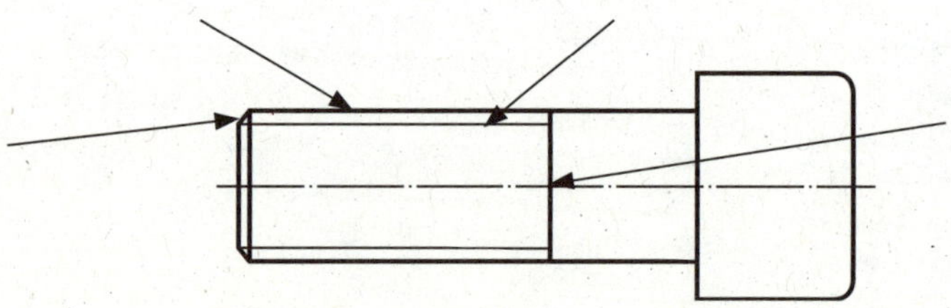

5. Vervollständigen Sie die Zeichnung der dargestellten Schraube durch Bemaßung von nutzbarer Gewindelänge und Nenndurchmesser (mit dem Gewindekurzzeichen nach DIN 202).

① Nenndurchmesser M
② nutzbare Gewindelänge

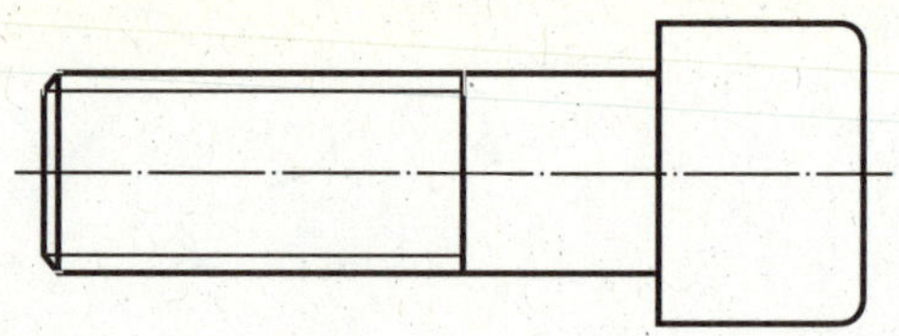

6. Vervollständigen Sie die Zeichnung der dargestellten Bohrung durch Bemaßung von nutzbarer Gewindetiefe, Tiefe der Kernlochbohrung und Nenndurchmesser (mit dem Gewindekurzzeichen nach DIN 202).

① nutzbare Gewindelänge
② Tiefe der Kernlochbohrung
③ Nenndurchmesser M

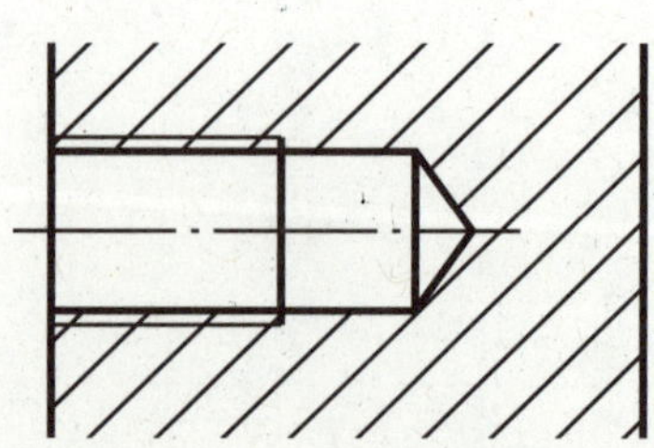

Riemengetriebe

Projekt 8

Durch Riementriebe können Umdrehungsfrequenzen und Drehmomente über große Achsabstände übertragen werden. Für Riementriebe kommen Flach-, Keil-, Rund- und Zahnriemen zur Anwendung. Mithilfe der Anordnung mehrerer Riemenscheiben können unterschiedliche Umdrehungsfrequenzen eingestellt werden.

An einer Kreissäge soll der Riemen nach längerem Gebrauch ausgetauscht werden. Über Langlochbohrungen kann der Motor verstellt und der Riemen damit gespannt werden. Für die Kreissäge kommt ein Keilriemen zum Einsatz.

Zentrale Lerninhalte

Technologie

- Funktion des Riementriebes
- Riemenarten
- Instandhalten von Keilriemen

Technische Mathematik

- Übersetzungsverhältnis
- Leistungsberechnung

Technische Darstellung

- Bemaßung

8 Riemengetriebe

Riementrieb

1. Für den Riementrieb wird an der Kreissäge ein Keilriemen verwendet.
   a) Erläutern Sie die Vorteile von Riemengetrieben.

   b) Wie übertragen Keilriemen Kräfte?

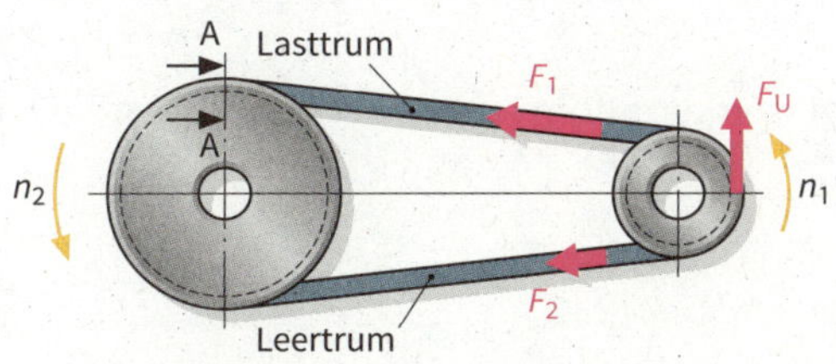

2. Der Keilriemen an der Kreissäge muss nach dem Wartungsplan ständig kontrolliert werden. Dabei ist die Vorspannung des Riemens zu überprüfen.
   a) Erläutern Sie die Auswirkung einer zu geringen Vorspannung auf die Funktion des Riemengetriebes.

   b) Erläutern Sie die Auswirkung einer zu hohen Vorspannung auf die Funktion des Riemengetriebes.

3. Nach der Reparatur des Riementriebes an der Kreissäge wurde die Riemenscheibe exakt fluchtend ausgerichtet. Warum ist das notwendig?

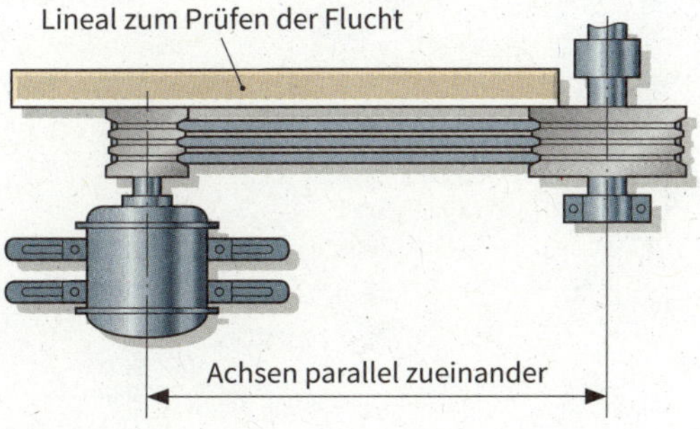

4. Wie kann an dem Riementrieb die Vorspannung überprüft werden?

5. Das Riemengetriebe muss in festgelegten Zeitabständen gereinigt werden. Informieren sie sich, welche Arbeiten dabei durchzuführen sind.

6. Bei Instandhaltungsmaßnahmen an Keilriemengetrieben wurden an den Keilriemen Abnutzungserscheinungen festgestellt. Informieren Sie sich über diese im Fachbuch und geben Sie je eine Maßnahme zu deren Beseitigung an.

Abnutzungserscheinungen	Maßnahmen
Keilriemen gerissen	
Keilriemenboden gebrochen	
starker Verschleiß an den Flanken der Keilriemen	

7. Nach der Montage der Keilriemenscheiben wurde bei der Prüfung vor Inbetriebnahme der abgebildete Zustand vorgefunden. Welcher Fehler liegt hier vor und welche Auswirkungen ergeben sich daraus beim Betrieb des Keilriemengetriebes?

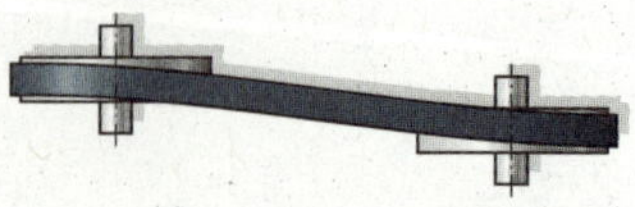

Übersetzungsverhältnis

Riementriebe verändern Umdrehungsfrequenzen und Drehmomente schwingungsfrei über große Achsabstände. Eine wichtige Größe ist das Übersetzungsverhältnis.

Einfache Übersetzung
Bei der Berechnung der Übersetzung geht man davon aus, dass die Riemengeschindigkeit an beiden Riemenscheiben gleich groß ist.

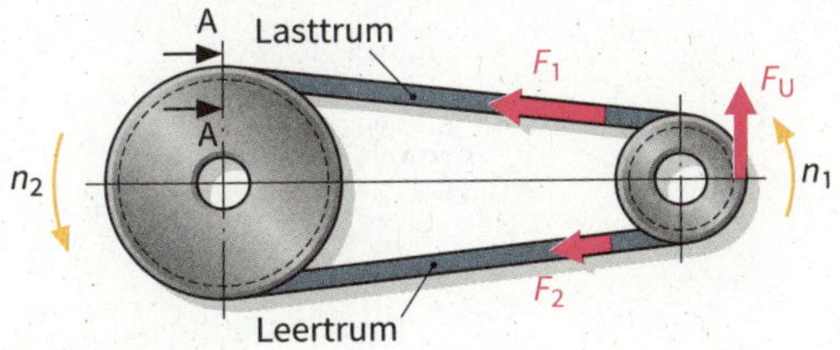

d_1 = Durchmesser der treibenden Scheibe
d_2 = Durchmesser der getriebenen Scheibe
n_1 = Umdrehungsfrequenz der treibenden Scheibe
n_2 = Umdrehungsfrequenz der getriebenen Scheibe
i = Übersetzungsverhältnis

Es gilt:

$$v_1 = v_2$$
$$d_1 \cdot \pi \cdot n_1 = d_2 \cdot \pi \cdot n_2$$
$$d_1 \cdot n_1 = d_2 \cdot n_2$$

Stellt man die Formel um, erhält man folgende Verhältnisgleichung:

$$\frac{n_1}{n_2} = \frac{\text{Drehzahl der treibenden Scheibe}}{\text{Drehzahl der getriebenen Scheibe}} = \frac{d_2}{d_1} = \frac{\text{Durchmesser der getriebenen Scheibe}}{\text{Durchmesser der treibenden Scheibe}}$$

Die Durchmesser der Riemenscheiben verhalten sich umgekehrt zu den Umdrehungsfrequenzen. Bei einem Riementrieb hat die kleinere Scheibe immer die größere Umdrehungsfrequenz.

Übersetzungsverhältnis: $$i = \frac{n_1}{n_2} \text{ oder } i = \frac{d_2}{d_1}$$

Berechnung Keilriementrieb:
Bei Keilriemen muss bei der Berechnung der Übersetzung ein Korrekturmaß berücksichtigt werden. Dieses Korrekturmaß c ist von der Riemenbreite b_0 abhängig. Die Werte für das Korrekturmaß c werden Tabellen entnommen. Der für die Berechnung des Übersetzungsverhältnisses notwendige Wirkdurchmesser d_w errechnet sich aus der Beziehung: Außendurchmesser $d_a - 2 \cdot$ Korrekturmaß c.

$$d_w = d_a - 2c$$

Für die weitere Berechnung der Keilriemen werden die Formeln für Flachriementriebe verwendet.

$$n_1 \cdot d_{w1} = n_2 \cdot d_{w2} \qquad i = \frac{n_1}{n_2} = \frac{d_{w2}}{d_{w1}}$$

Tabelle für Korrekturwerte c für Keilriemenbreiten b_0 für Normalkeilriemen

b_o in mm	5	6	10	13	17	22
c in mm	1,3	1,6	2	2,8	3,5	4,8

1. Die treibende Riemenscheibe der Kreissäge hat einen Durchmesser von 250 mm, die getriebene Riemenscheibe Einen von 125 mm. Die Umdrehungsfrequenz an der treibenden Scheibe beträgt 800 1/min. Berechnen Sie die Umdrehungsfrequenz n_2 der getriebenen Scheibe und das Übersetzungsverhältnis.

Gegeben: d_1 = 250 mm
d_2 = 125 mm
n_1 = 800 1/min

Gesucht: n_2 in 1/min; i

Lösung:

2. Die Kreissäge soll mit einer zweiten Stufe ausgerüstet werden. Die treibende Scheibe der 2. Stufe des Riementriebes hat eine Umdrehungsfrequenz von 180 1/min. An der getriebenen Scheibe mit einem Durchmesser von 120 mm liegt eine Umdrehungsfrequenz von 900 1/min an. Wie groß ist der Durchmesser der treibende Scheibe und das Übersetzungsverhältnis des Riementriebes?

Gegeben: n_1 = 180 1/min
n_2 = 900 1/min
d_2 = 120 mm

Gesucht: d_1 in mm; i

Lösung:

3. Die neu eingesetzte Keilriemenscheibe hat einen Außendurchmesser von 600 mm und eine Breite von 17 mm. Bestimmen Sie den Wirkdurchmesser für diese Riemenscheibe.

Gegeben: d_{a1} = 600 mm
b_o = 17 mm

Gesucht: d_{w1} in mm

Lösung:

4. Die getriebene Scheibe der 2. Stufe des Riementriebes besitzt einen Außendurchmesser von 120 mm und eine Breite von 17 mm. Berechnen Sie die Riemengeschwindigkeit für die Umdrehungsfrequenz von 900 1/min.

Gegeben: d_a = 120 mm
n = 900 1/min

Gesucht: d_{w1} in mm
v in m/s

Lösung:

! **Leistung**

Die durch einen Riementrieb zu übertragende Leistung errechnet sich wie folgt:

$$\boldsymbol{P = F \cdot v}$$

P = Leistung in W
F = Riemenkraft in N
v = Riemengeschwindigkeit in m/s

Merke: 1 Nm/s = 1 W

5. Wie groß ist die Leistung für den in Aufgabe 4 berechneten Keilriementrieb, wenn die Riemenkraft dabei 280 N beträgt?

Gegeben: v = aus Aufgabe 4
F = 280 N

Gesucht: P in W

Lösung:

1. Tragen Sie mithilfe des Tabellenbuches die fehlenden Bezeichnungen für den abgebildeten endlosen Schmalkeilriemen ein (SPZ, einrillig, ummantelt nach DIN 7753).

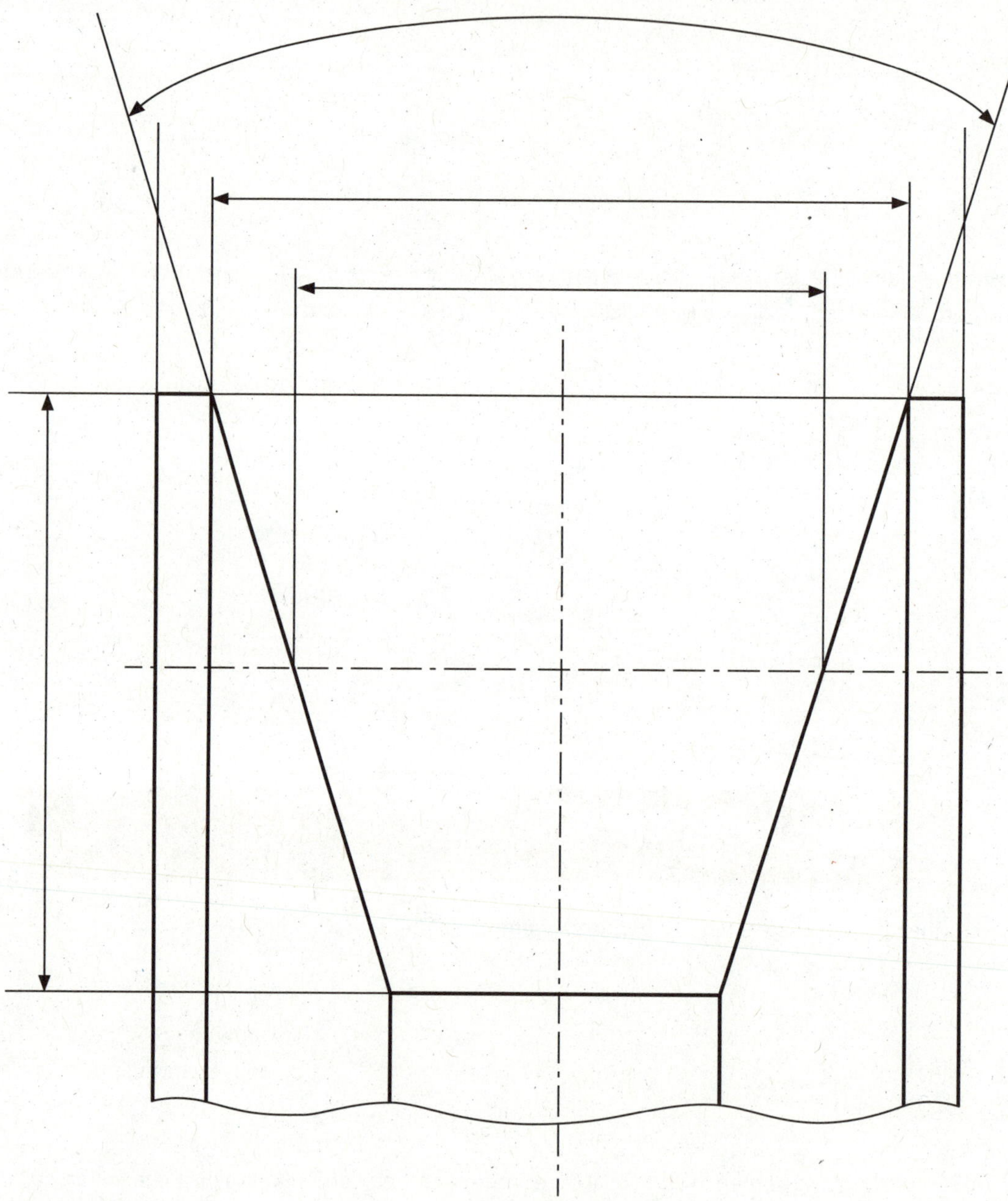

Schmalkeilriemen Maßstab 5:1

Hydraulischer Zylinder Projekt 9

Werkstücke sollen mit Hilfe einer hydraulischen Spannvorrichtung in einem Prisma gespannt werden. Dafür soll eine hydraulische Steuerung, mit der das Öffnen und Schließen der Vorrichtung realisiert wird, genutzt werden.

Es ist ein geeigneter hydraulischer Zylinder auszuwählen. Dazu ist der Aufbau der hydraulischen Steuerung zu untersuchen.

Zentrale Lerninhalte

Technologie

- Hydraulische Anlagen
- Arten und Aufbau hydraulischer Zylinder
- Hydraulikleitungen

Technische Mathematik

- Berechnung Kolbenkraft
- Berechnung Volumenstrom und Kolbengeschwindigkeit

Technische Darstellung

- Sinnbilder Hydraulik
- Zustandsdiagramme

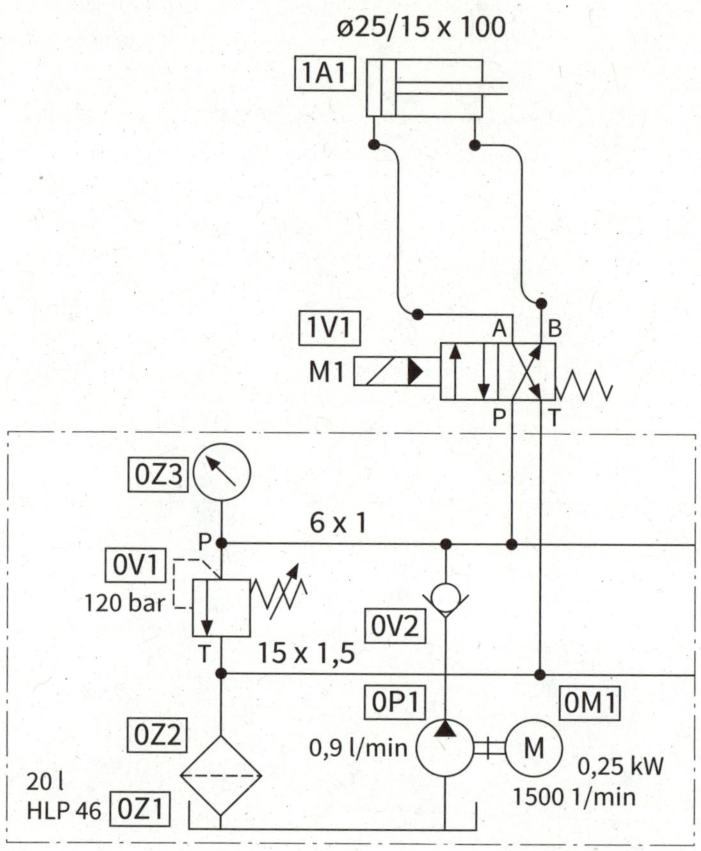

Hydraulischer Schaltplan

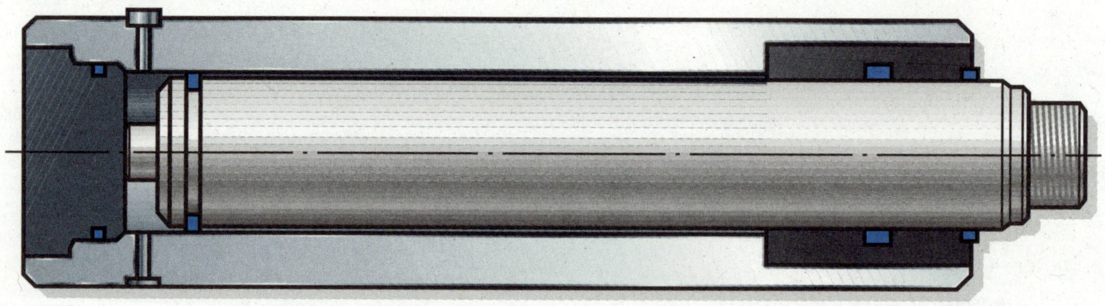

Hydraulischer Zylinder

!

Hydraulische Anlagen

In hydraulischen Anlagen werden Hydrauliköle zum Antrieb von Arbeitszylindern eingesetzt. Da Hydrauliköl sich nicht oder kaum komprimieren (zusammendrücken) lässt, können Drücke bis zu mehreren hundert bar erzeugt werden. Deshalb sind hydraulische Anlagen in der Lage große Kräfte zu übertragen und somit auch große Lasten zu heben.

Eine Pumpe liefert den notwendigen Druck. Der Arbeitsdruck baut sich im Gegensatz zu den pneumatischen Anlagen erst dann in der Leitung auf, wenn der Zylinder belastet wird. Anschließend fließt das im Umlauf befindliche Hydrauliköl wieder in den Vorratsbehälter zurück.

Die Arbeitsbewegungen in der Hydraulikanlage sind gleichmäßig und langsam. Durch den hohen Druck in der Anlage werden hohe Anforderungen an Festigkeit und Dichtheit der Bauelemente gestellt.

Eine Hydraulikanlage besteht aus den Teilsystemen Energieversorgung, Energiesteuerung und Antriebsteil.

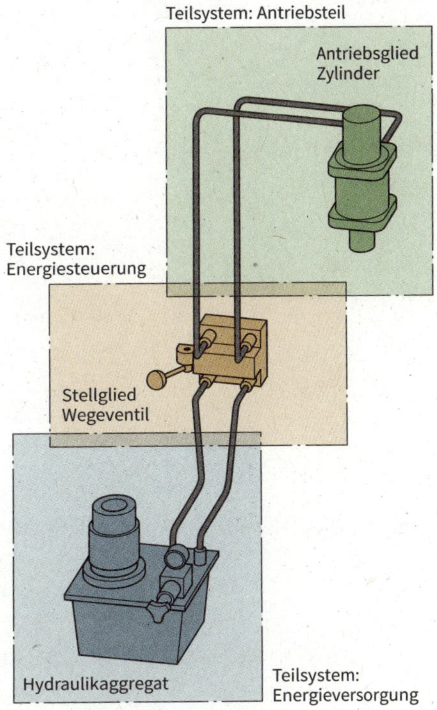

1. Die hydraulische Anlage der Spannvorrichtung besteht aus 3 Teilsystemen. In welchen dieser Systeme wird die Arbeitsbewegung des Zylinders ausgeführt?

2. Warum ist für die hydraulische Anlage der Spannvorrichtung eine Rückleitung vorzusehen?

3. Warum wurde für die Spannvorrichtung eine hydraulische Steuerung ausgewählt und nicht eine pneumatische Steuerung?

4. Welche Nachteile hat die gewählte hydraulische Steuerung gegenüber einer pneumatischen Steuerung?

5. Bezeichnen Sie die Bauteile des abgebildeten hydraulischen Zylinders.

1 –

2 –

3 –

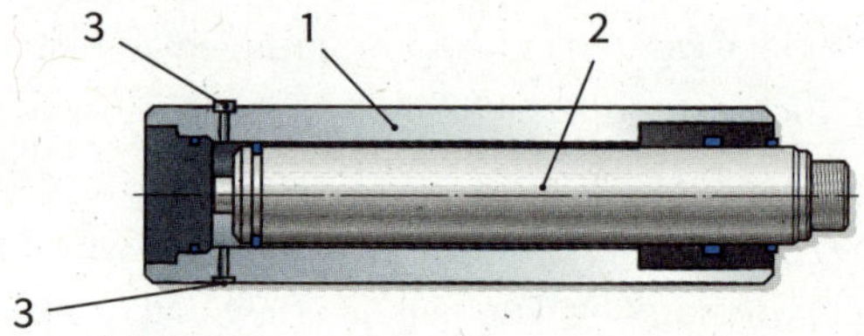

6. Für die Spannvorrichtung wurde ein einfach wirkender Zylinder ausgewählt. Begründen Sie diese Entscheidung und erklären Sie deren Funktion.

7. Für die Spannvorrichtung wurde ein einfach wirkender Zylinder eingesetzt. Welche weiteren Arten von hydraulischen Zylindern können in hydraulischen Steuerungen eingesetzt werden?

8. Warum ist es wichtig in der Hydraulikanlage den Ölfilter zu überprüfen und gegebenenfalls zu erneuern?

____

____

____

____

____

____

9. Die Bauteile der Hydraulikanlage müssen durch geeignete Leitungen verbunden werden. Welche Arten von Leitungen werden in Hydrauliksystemen eingesetzt?

____

____

10. Welche Richtwerte gibt es für die Lagerdauer und Verwendungsdauer von Schlauchleitungen?

____

____

____

11. Welche der abgebildeten Verlegebeispiele für Schlauchleitungen sind richtig und welche sind falsch?

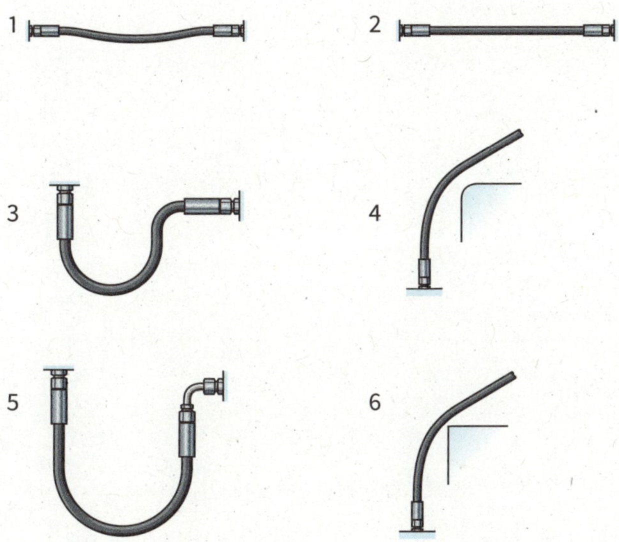

Richtige Verlegung	Falsche Verlegung

! Druck und Kolbenkraft

Wird mit einer Kraft F auf einem Kolben gedrückt, entsteht ein Druck p. Dieser bereitet sich in einem geschlossenen Behälter gleichmäßig aus.

$$\text{Druck} = \frac{\text{Kolbenkraft}}{\text{Kolbenfläche}} \qquad \begin{array}{l} F \text{ in N} \\ A \text{ in mm}^2 \\ p \text{ in bar} \end{array} \qquad \boldsymbol{p = \frac{F}{A}}$$

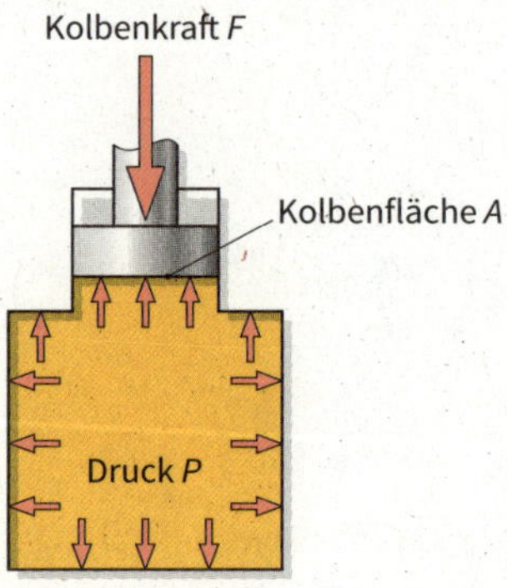

Mit dem Wirkungsgrad η werden die Reibungsverluste berücksichtigt, die zwischen Kolben und Zylinder entstehen. Die wiksame Kolbenkraft errechnet sich aus:
Wirksame Kolbenkraft = Druck · wirksame Kolbenfläche · Wirkungsgrad

$$\boldsymbol{F = p \cdot A \cdot \eta}$$

Für den Druck gilt die SI-Einheit Pascal (Pa): 1 Pa = 1 N/ m². In der Praxis wird oft mit der Druckeinheit Bar (bar) gerechnet:

$$\mathbf{1\ bar = 10\ N/cm^2}$$

$$\mathbf{1\ Pa = 1\ \frac{N}{m^2} = \frac{1}{100000}\ bar \text{ oder } 1\ bar = 10\ \frac{N}{cm^2} = 100000\ Pa}$$

1. Auf den Kolben eines Hydraulikzylinders mit einem Durchmesser von 30 mm wirkt ein Druck von 20 bar. Der Wirkungsgrad beträgt 0,8. Wie hoch ist die wirksame Kraft an der Kolbenstange beim Ausfahren des Zylinders?

Gegeben: d = 30 mm
p = 20 bar
η = 0,8

Gesucht: F in N

Lösung: ______________________

2. Die Fläche des Kolbens aus Aufgabe 1 wurde bei gleichem Druck und einem Wirkungsgrad von 75 % auf 14,14 cm^2 vergrößert. Mit welcher wirksamen Kraft fährt der Zylinder aus?

Gegeben: $A = 14{,}14\ cm^2$
$\eta = 75\ \%$
$p = 20\ bar$

Gesucht: F in N

Lösung:

3. Die Kolbengeschwindigkeit in dem hydraulischen Zylinder der Schließvorrichtung soll 80 mm/min erreichen. Welcher Volumenstrom ist dazu in der Rohrleitung notwendig, wenn der Kolben eine Fläche von 7,07 cm^2 hat?

Gegeben: $A = 7{,}07\ cm^2 = 0{,}07\ dm^2$
$v = 0{,}8\ dm/min$

Gesucht: $\dot{V}$ in dm^3/min

Lösung:

4. Welche Kolbengeschwindigkeit ergibt sich bei einem Kolbendurchmesser von 50 mm und einem Volumenstrom von 0,098 dm^3/min?

Gegeben: $d = 50\ mm$
$\dot{V} = 0{,}098\ dm^3/min$

Gesucht: v in dm/min

Lösung:

9 Hydraulischer Zylinder

1. Für Schaltpläne werden Sinnbilder verwendet. Welche Bedeutung haben die abgebildeten Symbole? Informieren Sie sich im Tabellenbuch.

Symbol	Bedeutung
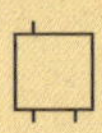	
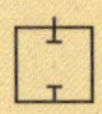	

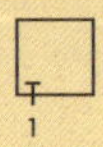	
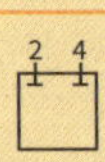	
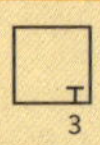	
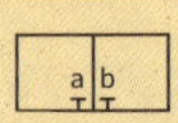	

2. Was bedeutet dieses Sinnbild im Schaltplan der hydraulischen Steuerung?

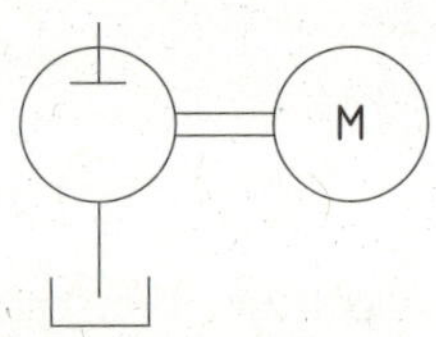

3. Informieren Sie sich im Tabellenbuch über Sinnbilder der Hydraulik. Benennen Sie die Sinnbilder in der Tabelle.

Sinnbild	Benennung
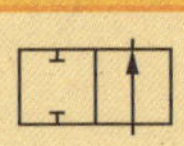	
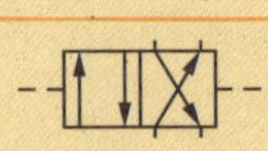	
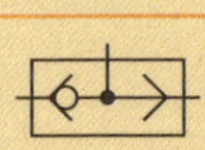	
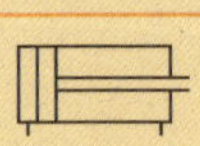	
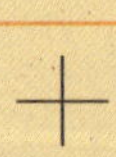	
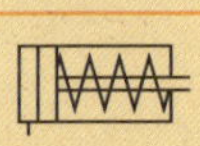	

Schaltpläne

Nach ISO 1219 sind für die technische Darstellung von Schaltplänen Bildzeichen (Sinnbilder) zu verwenden. Dabei werden Sinnbilder für unterschiedliche Elemente z. B. Zylinder, Ventil und Betätigungsarten verwendet. Ventilanschlüsse werden mit Ziffern oder Buchstaben versehen. Grundschaltungen können mit beiden Bezeichnungen nach DIN ISO 5599 gezeichnet werden.

Ziffern	Buchstaben	Bedeutung
1	P	Druckanschluss
2, 4, 6	A, B, C	Arbeitsanschlüsse
3, 5, 7	R, S, T	Entlüftungsanschlüsse
10, 12, 14	X, Y, Z	Steueranschlüsse

4. Bezeichnen Sie die Anschlüsse des 5/2 Wegeventils und erklären Sie das Sinnbild.
Erklärung:

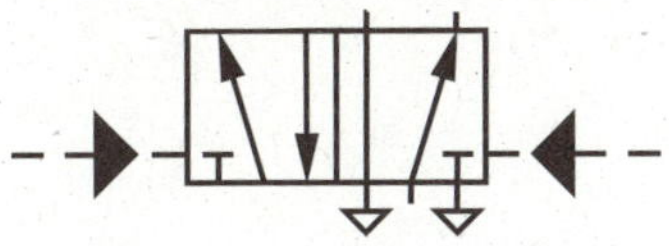

5. Im Schaltplan wurde folgendes Ventil verwendet. Erklären Sie das Sinnbild.

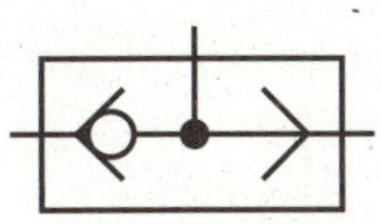

6. Was ist die Bedeutung der beiden Sinnbilder?

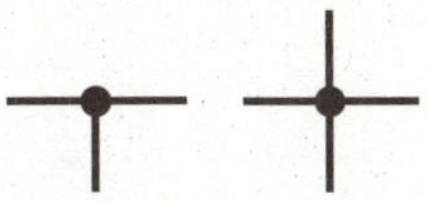

!

Zustandsdiagramme

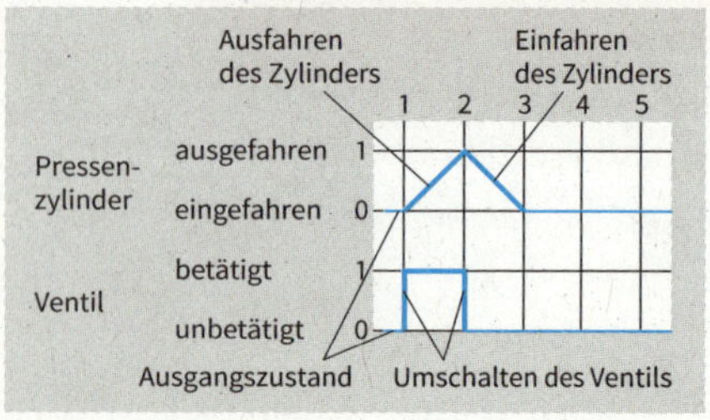

Die Grundlage für den Aufbau der Diagramme bildet die Gliederung des Steuerungsablaufs in einzelne Schritte. Die Schritte ergeben sich aus Zustandsänderungen der Bauglieder. Solche Zustandsänderungen sind das Ein- und Ausfahren von Zylindern (Arbeitsglieder) oder das Umschalten von Ventilen (Stellglieder).

Die Zustandsänderungen und die Schaltzustände der Bauglieder werden durch *Funktionslinien* angegeben. Die Schaltzustände (aus-/ eingefahren, be-/ unbetätigt) werden durch waagerechte Linien dargestellt. Zustandsänderungen von Antriebsgliedern werden durch schräge Funktionslinien zwischen zwei Schaltschritten dargestellt. Zustandsänderungen von Ventilen werden durch senkrechte Funktionslinien dagestellt. Die Funktionslinien für eine Zustandsänderung beginnen an der Linie für den entsprechenden Schaltschritt.

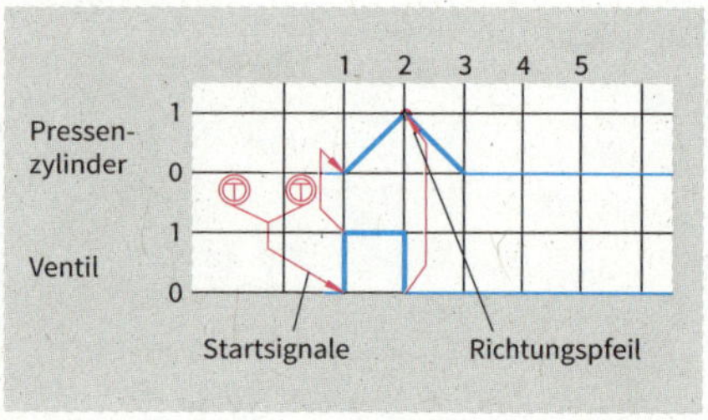

Das Zusammenwirken der einzelnen Bauteile einer Steuerung wird durch *Signallinien* angegeben. Signallinien beginnen an den Funktionslinien der Bauglieder, die durch das Signal beeinflusst werden. Die Wirkrichtung der Signale wird durch Pfeile angegeben. Signallinien werden vorwiegend senkrecht gezeichnet, können aber auch beliebig abgewinkelt werden. Sie werden als schmale Vollinien gezeichnet.

7. Erklären Sie das Bild Zustandsdiagramm-Zylinder.

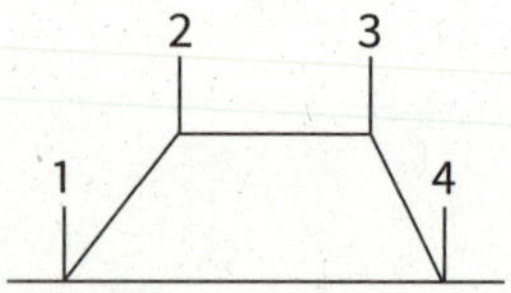

8. Erklären Sie das Zustandsbild des Ventils.

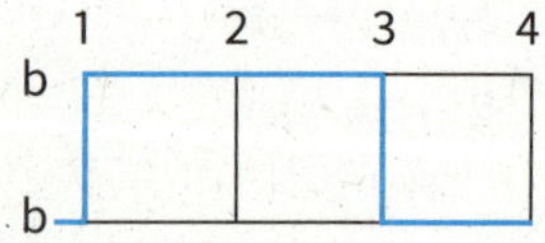

Getriebewelle

Projekt 10

Für ein Getriebe muss eine Welle neu gefertigt werden. Dem Facharbeiter stehen dazu die Zeichnungsunterlagen zur Verfügung, die er analysieren muss. Zur Bearbeitung steht eine CNC-Drehmaschine zur Verfügung.

Diese Werkzeugmaschine wurde durch den Programmierer für den Arbeitsprozess programmiert. Der Bediener der CNC-Drehmaschine muss den Arbeitsablauf kontrollieren, eventuell kleinere Korrekturen im Programm erkennen und realisieren. Bei größeren Problemen der CNC-Steuerung ist der Programmierer für diese Werkzeugmaschine heranzuziehen.

Zentrale Lerninhalte

Technologie

- Aufbau von CNC-Drehmaschinen
- Werkstoffe und Schneidwerkstoffe
- Arbeitswerte
- Spannmittel
- Programmwerte CNC

Technische Mathematik

- Hauptnutzungszeit

Technische Darstellung

- Passmaße
- Oberflächenangaben

10 Getriebewelle

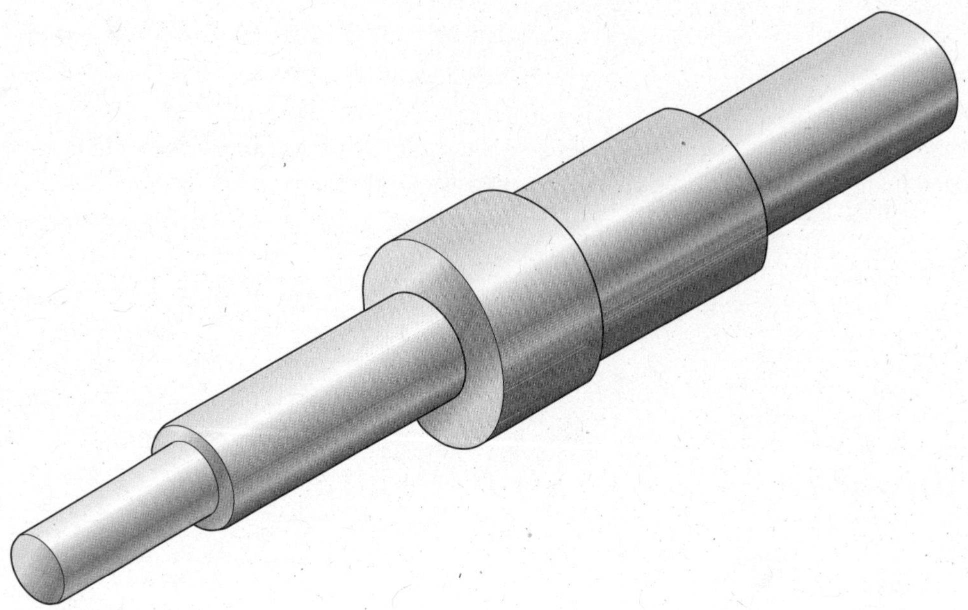

3-D-Darstellung Getriebewelle

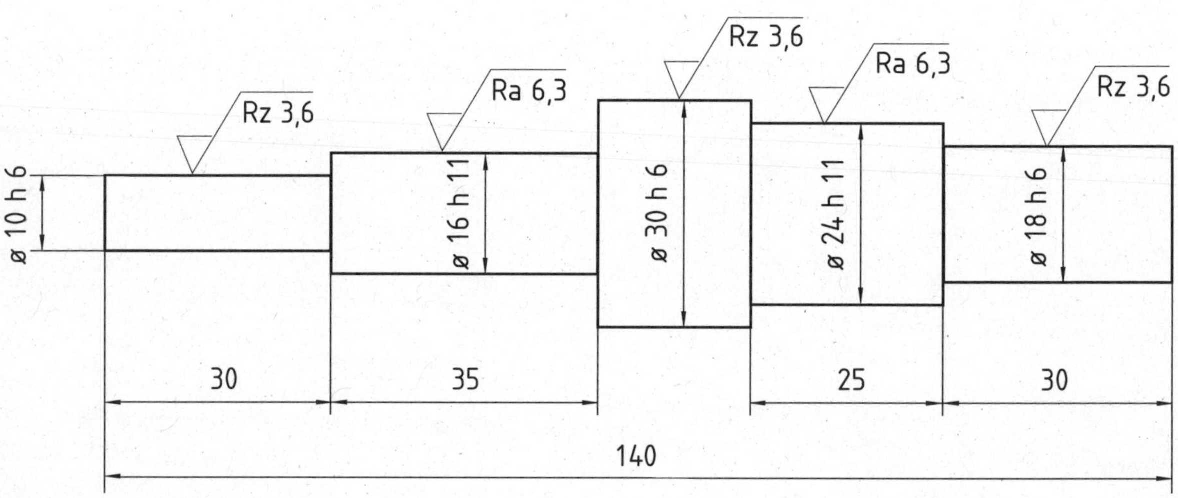

Zeichnung Getriebewelle im Maßstab 1:1

1. Ergänzen Sie die fehlenden Angaben an der CNC-Drehmaschine.

1 – Verkleidung
2 – Maschinengestell
3 – Hauptantriebsmotor
4 – Vorschubmotor
5 – Hauptspindel
6 – Werkzeugrevolver
7 – Spannfutter
8 – Bedienpult der CNC-Steuerung
9 – Monitor der Steuerung
10 – Reitstock

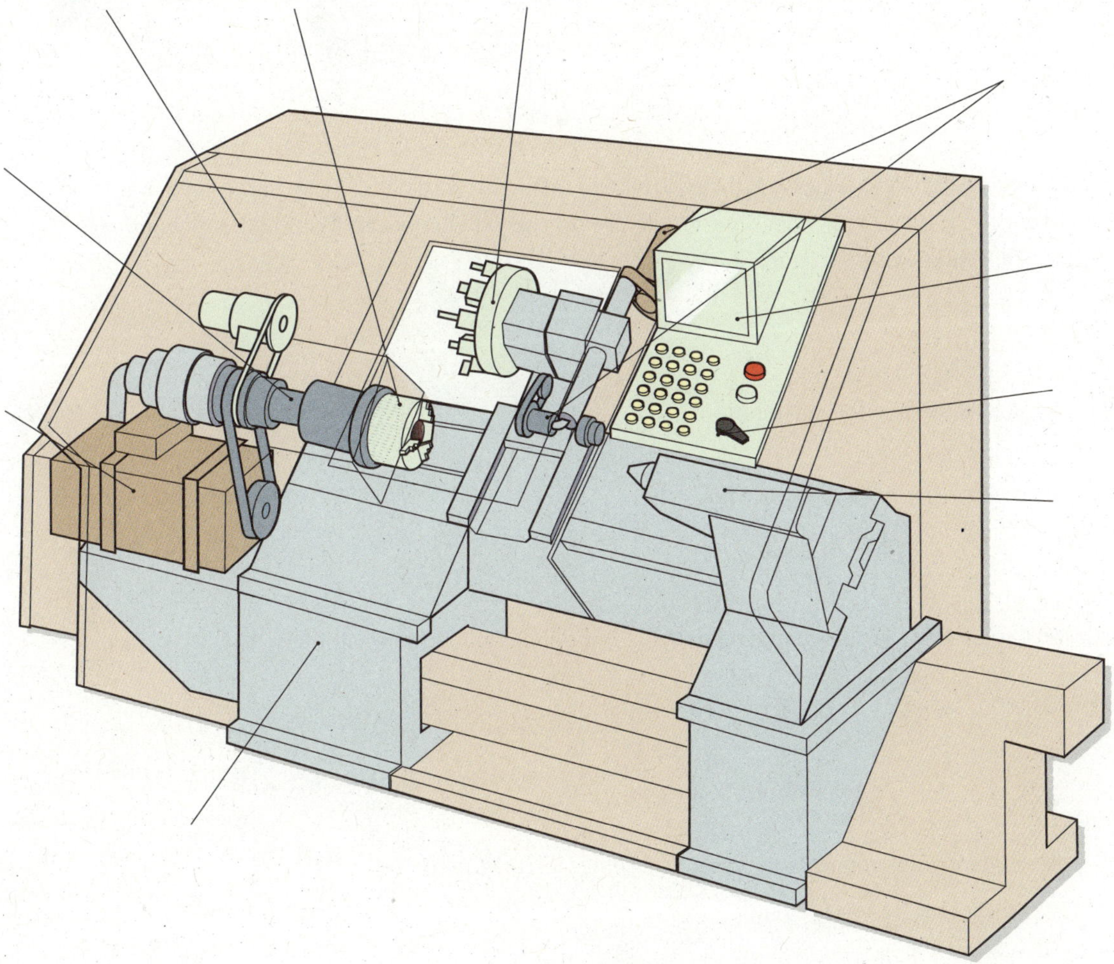

Fertigung auf CNC-Werkzeugmaschinen

Der Begriff NC (Numerical Control) bedeutet Numerische Steuerung oder „Steuern mit Zahlen“. Die CNC-Technik (Computerized Numerical Control) ist eine Weiterentwicklung der NC-Technik. Bei CNC-Werkzeugmaschinen wird die NC-Steuerung mit Hilfe eines Computers umgesetzt.

Die Koordinaten zur CNC-Steuerung auf der Drehmaschine werden nach DIN in einem kartesischen Koordinatensystem angegeben. In diesem System sind die Koordinatenachsen nach den Richtungen der Führungsbahnen ausgelegt.

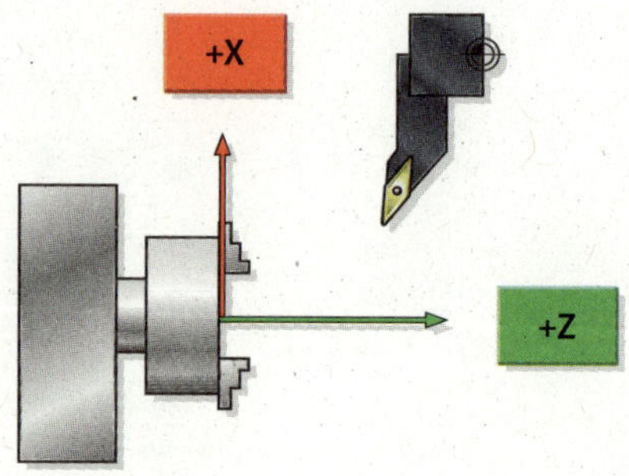

2. Für die Herstellung der Welle wird ein Rundstab mit einem Durchmesser von 40 mm und einer Länge von 160 mm aus dem Werkstoff 35 S 20 verwendet. Informieren Sie sich im Tabellenbuch über Stahlbezeichnungen.

a) Welcher Stahl wird für die Fertigung der Welle eingesetzt?

b) Erklären Sie die Werkstoffbezeichnung.

c) Welchen Einfluss hat der Schwefelgehalt auf die Zerspanbarkeit des Werkstoffes?

d) Für welche Beanspruchungen kann dieser Stahl eingesetzt werden?

3. Welcher Stahl könnte für die Herstellung der Welle noch verwendet werden?

 Name ______ Klasse ______ Datum ______

4. Für die Bearbeitung der Welle ist ein Drehmeißel mit einer Hartmetallschneide vorgesehen. Erklären Sie die Herstellung und Verwendung dieses Schneidwerkstoffes.

unbeschichtet

TiN-beschichtet

Al_2O_3-beschichtet

5. Warum dürfen sie Hartmetallschneiden im Normalfall nicht kühlen?

6. Für die Drehmeißelschneide kann auch der Werkstoff HSS eingesetzt werden. Erläutern Sie diesen Schneidwerkstoff.

7. Vergleichen Sie mit Hilfe des Tabellenbuches die Arbeitswerte für das Vordrehen der Welle mit Schneiden aus Schnellarbeitsstahl und Hartmetalle.

Arbeitswert	Schnellarbeitsstahl	Hartmetall
v_c		
f		
a_p		

8. Welche Spannmittel können zum Spannen der Welle auf der Drehmaschine verwendet werden?

9. Wie muss der Drehmeißel gespannt werden?

10. Erklären Sie folgende Bezugspunkte im Koordinatensystem einer CNC-Werkzeugmaschine und ergänzen Sie die Kurzzeichen.

Bezugspunkt	Symbol	Kurzzeichen	Erklärung
Maschinennullpunkt			
Maschinenreferenzpunkt			
Werkstücknullpunkt			
Werkzeugeinstellpunkt	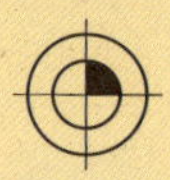		

Programmierung

Für die Fertigung der Welle ist die Erstellung eines Programms nach DIN 66025 notwendig. Ein Programm besteht aus Weg- und Schaltinformationen. Die Weginformationen beinhalten alle Angaben zur Geometrie des Werkstückes das heißt die Wegbedingungen. Die Schaltinformationen beinhalten die technologischen Daten wie z. B. die Schnittgeschwindigkeit oder die Umdrehungsfrequenz. Weg- und Schaltinformationen ergeben in einem CNC-Programm einen Programmsatz. Die entsprechenden Informationen dazu werden dem Tabellenbuch entnommen.

N20	G00	X85	Z1	S800	M04
Satznummer	Wegbedingung	Zielkoordinaten		technologische Daten	Zusatzfunktion
programmtechnische Anwendung	Weginformation			Schaltinformationen	

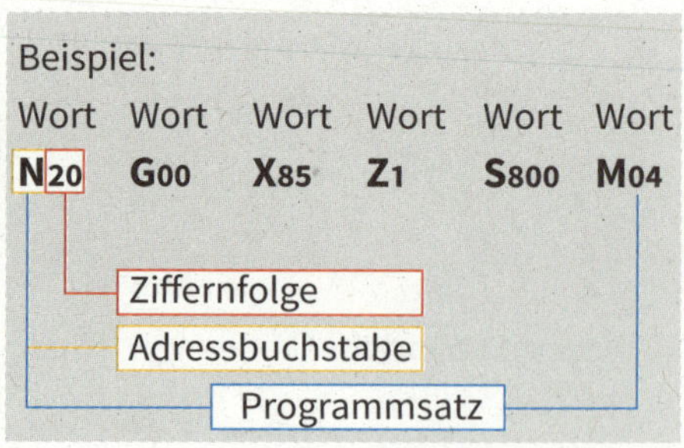

11. Wie wird an einer CNC-Werkzeugmaschine die Umdrehungsfrequenz direkt eingegeben?

12. Wie wird das Wort für Werkzeug als Schaltinformation für die CNC-Bearbeitung eingegeben?

13. Wie kann als Schaltinformation angegeben werden, dass keine Umdrehungsfrequenz sondern eine konstante Schnittgeschwindigkeit gefordert wird?

14. Ergänzen Sie in folgender Tabelle die Bedeutung der ausgewählten Wegbedingungen.

Wegbedingung	Bedeutung
G 00	
G 01	
G 33	
G 95	
G 97	

15. Welche Bedeutung haben die folgenden Adressbuchstaben bei der Steuerung einer CNC-Werkzeugmaschine? Informieren Sie sich im Tabellenbuch.

Buchstabe	Bedeutung
A	
B	
C	
D	
F	
G	
S	
T	

Hauptnutzungszeit

Die Hauptnutzungszeit ist die Maschinenarbeitszeit, in der das Werkstück spanend bearbeitet wird.
Die Hauptnutzungszeit t_{hu} wird aus der Länge des Vorschubweges und der Vorschubgeschwindigkeit v_f des Drehmeißels berechnet.

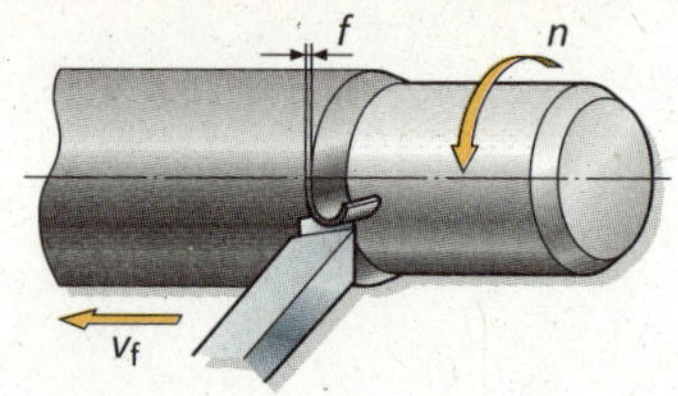

Hauptnutzungszeit beim Längsdrehen

$$\text{Hauptnutzungszeit} = \frac{\text{Vorschubweg}}{\text{Vorschubgeschwindigkeit}}$$

$$t_{hu} = \frac{l \cdot i}{n \cdot f}$$

oder für stufenlos einstellbare Umdrehungsfrequenz

$$t_{hu} = \frac{\pi \cdot l \cdot i \cdot d}{v_c \cdot 1000 \cdot f}$$

t_{hu} = Hauptnutzungszeit
i = Anzahl der Schnitte
l = Drehlänge in mm
n = Umdrehungsfrequenz
f = Vorschub in mm
d = Werkstückdurchmesser in mm
v_c = Schnittgeschwindigkeit in m/min

1. Der Wellenzapfendurchmesser von 18 mm soll auf einer Länge von 30 mm 1 mal überdreht werden. Die Schnittgeschwindigkeit beträgt 60 m/min und der Vorschub 0,1 mm. Ermitteln Sie die Hauptnutzungszeit.

Gegeben: d = 18 mm
l = 30 mm
i = 1
v_c = 60 m/min
f = 0,1 mm

Gesucht: t_{hu} in min

Lösung:

2. Der linke Wellenzapfen mit einem Durchmesser von 16 h 11 soll auf einer Länge von 35 mm in 2 Schnitten fertig gedreht werden. An der Drehmaschine wurde eine Umdrehungsfrequenz von 1400 1/min und ein Vorschub von 0,1 mm eingestellt. Berechnen Sie die Hauptnutzungszeit.

Gegeben: l = 35 mm
d = 10 mm
i = 2
n = 1400 1/min
f = 0,1 mm

Gesucht: t_{hu} in min

Lösung:

3. Der Durchmesser 30 mm der Welle wird mit einer Umdrehungsfrequenz von 63 1/min in 2 Schnitten plangedreht. Für diese Arbeit wird ein Drehmeißel aus HSS verwendet. Der Vorschub wird mit 0,15mm eingestellt. Berechnen Sie die Hauptnutzungszeit.

Gegeben: l = 20 mm
n = 63 1/min
f = 0,15 mm
i = 2

Gesucht: t_{hu} in min

Lösung:

4. Der linke Wellenzapfen mit einem Durchmesser von 10 mm soll in 3 Schritten plangedreht werden. Die Umdrehungsfrequenz beträgt 250 1/min. Die Hauptnutzungszeit beträgt dabei 0,48 min. Welcher Vorschub ist an der Maschine einzustellen?

Gegeben: l = 30 mm
i = 3
t_{hu} = 0,48 min
n = 250 1/min

Gesucht: f in mm

Lösung:

10 Getriebewelle

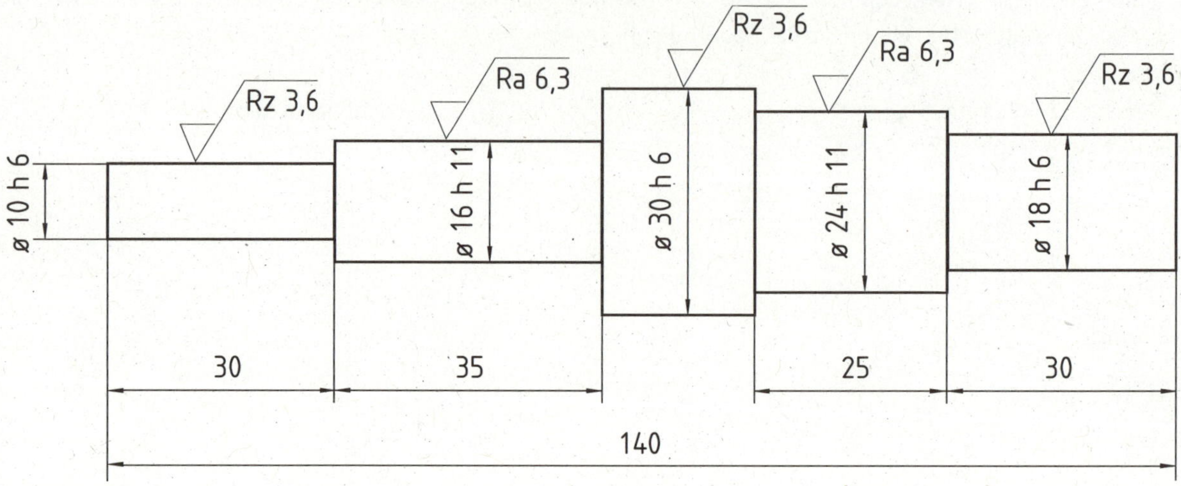

Zeichnung Getriebewelle im Maßstab 1:1

1. Tragen Sie die Abmaße in die Tabelle ein.

Passmaß	oberes Abmaß in µm	unteres Abmaß in µm	Höchstmaß in mm	Mindestmaß in mm	Toleranz in mm
ø 10 h 6					
ø 16 h 11					
ø 18 h 6					

2. Erklären Sie die folgenden Oberflächenangaben in der Tabelle.

Oberflächenangabe	Erklärung
Rz 3,2	
Rz 6,3	
Ra 6,3	

Ventil

Auf einer Fertigungsstraße werden Ventile für Verbrennungsmotoren in Serienfertigung hergestellt. Diese Ventile dichten die Ein- und Auslassöffnungen zum Brennraum des Motors ab.

Bei der Fertigung werden hohe Anforderungen an die Maß- und Formgenauigkeit des Ventils gestellt. Um die Qualität der Ventile sicherzustellen, werden die einzelnen Bearbeitungsstationen durch eine statistische Prozesskontrolle überwacht. Dabei werden verschiedene Merkmale am Ventil überprüft.

Um ein hohes Maß an Kundenvertrauen zu schaffen, wurde in der Firma ein Qualitätsmanagement (QM) System eingeführt. Damit wurde den Kundenforderungen, den Gesetzen und dem Wettbewerb entsprochen.

Zentrale Lerninhalte

Technologie

- Messen und Dokumentieren
- Abweichungen
- Stichprobenprüfung
- Qualitätsmanagement

Technische Mathematik

- Berechnung Mittelwerte
- Normalverteilung

Technische Darstellung

- Qualitätsregelkarte

11 Ventil

Die Ventile dichten die Ein- und Auslassöffnungen zum Brennraum des Motors ab. Um diese Funktion zu erfüllen, werden hohe Anforderungen an die Maß- und Formgenauigkeit des Ventils gestellt.
Das Ventil wird in einer Ventilführung geführt. Eine hohe Oberflächengüte des Ventilschaftes bewirkt eine gute Gleiteigenschaft. Das Härten des Ventilschaftes dient der Verschleißminderung und der Erhöhung der Zugfestigkeit gegen Abreißen.
Mit der kegeligen Ventilsitzfläche erfolgt die Abdichtung zum Brennraum. Die Rille am Schaftende nimmt den Halter für die Ventilfeder auf. Die Feder erzeugt die erforderliche Kraft, um das Ventil zu schließen.
Die Fertigung des Ventils erfolgt an Hand einer Fertigungszeichnung. Die zeichnerische Darstellung einzelner Elemente weicht von der Norm ab.

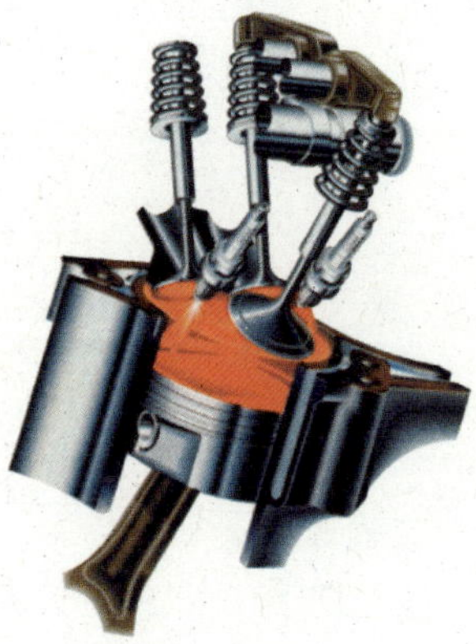

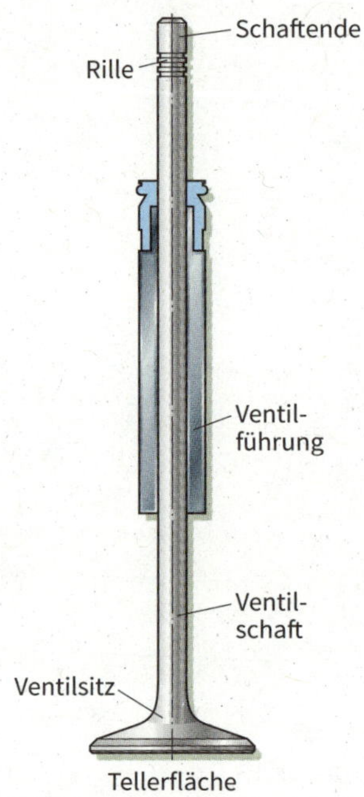

Aufbau und Funktion des Ventils

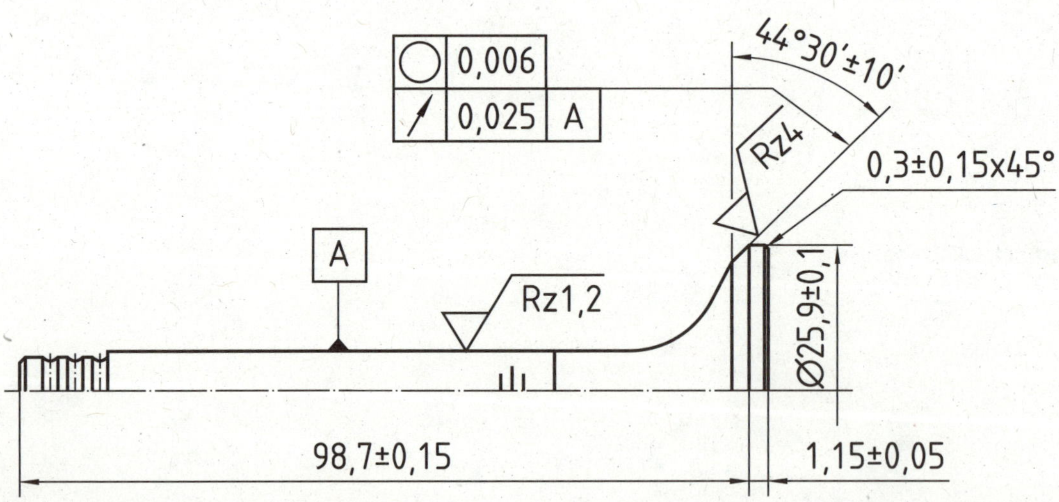

Zeichnung Ventil (nicht maßstabsgerecht)

! Zufällige und systematische Einflüsse

Bei der Fertigung können unterschiedliche Einflüsse wie Temperaturschwankungen und Werkzeugverschleiß zu einer Abweichung am Werkstück führen.
Nach der Art der Abweichung unterscheidet man:

- zufällige Einflüsse und
- systematische Einflüsse (gleichbleibend, stetig zunehmend)

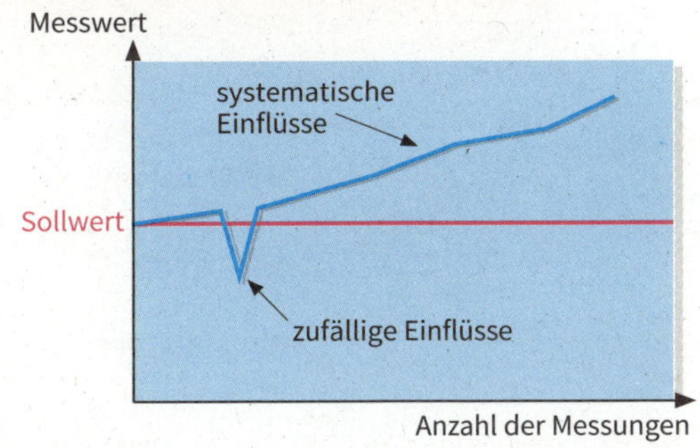

Zufällige und systematische Einflüsse können gleichzeitig auftreten.

1. Erklären Sie folgende Symbole aus der Ventil-Zeichnung.

Symbol	Erklärung
A (Bezugsbuchstabe)	
↗ | 0,025 | A	
Rz1,2 (Oberflächenzeichen)	
Ø	

2. Beim Prüfen des Ventils werden variable und attributive Merkmale aufgenommen. Erklären Sie diese Begriffe und nennen Sie je 2 Beispiele.

Merkmale	Erklärung	Beispiel
variable		
attributive		

3. Zu welchen Abweichungen bei der Fertigung des Ventils führen systematische Fehler? Erläutern Sie diese mit je einem Beispiel.

4. Bei der Serienfertigung des Ventils werden Stichprobenprüfungen erforderlich. Wie erfolgt diese Prüfung und welche Vorteile hat die Stichprobenprüfung gegenüber einer 100 %-igen Prüfung?

5. In einem Hilfsmittel zur ständigen Prozessüberwachung werden regelmäßig Messwerte eingetragen und ausgewertet. Wie heißt dieses Hilfsmittel?

6. Welche Gründe bewegen ein Unternehmen ein QM-System zertifizieren zu lassen?

Mittelwert

Der Mittelwert wird als Durchschnittswert aller Werte einer Messreihe bezeichnet.
Der Mittelwert wird wie folgt berechnet.

$$\bar{x} = \frac{\text{Summe aller Werte}}{\text{Anzahl der Werte}}$$

$$\bar{x} = \frac{x_1 + x_2 + x_3 + \ldots x_n}{n}$$

$\bar{x}$ = Mittelwert
$x_{1/2,n}$ = Messwert
n = Anzahl der Messwerte

Normalverteilung
Aufgrund gleichbleibender Fertigungsbedingungen schwanken die Messwerte von Stichproben um einen Mittelwert. Trägt man die Häufigkeit von Messwerten (Anzahl gleicher Messwerte) in ein Säulendiagramm ein, so erhält man eine Häufigkeitsverteilung (Histogramm). Verbindet man die Spitzen der Säulen des Histogramms, so erhält man einen Kurvenverlauf, der als Normalverteilung bezeichnet wird. Der höchste Punkt der Kurve entspricht dem Messwert mit der maximalen Häufigkeit und gilt als Mittelwert der Stichprobe.

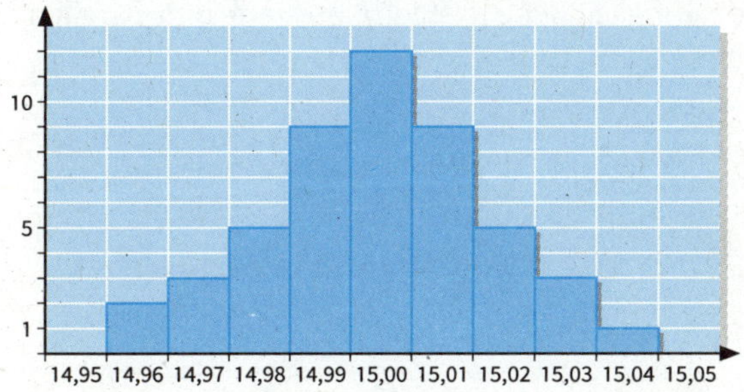

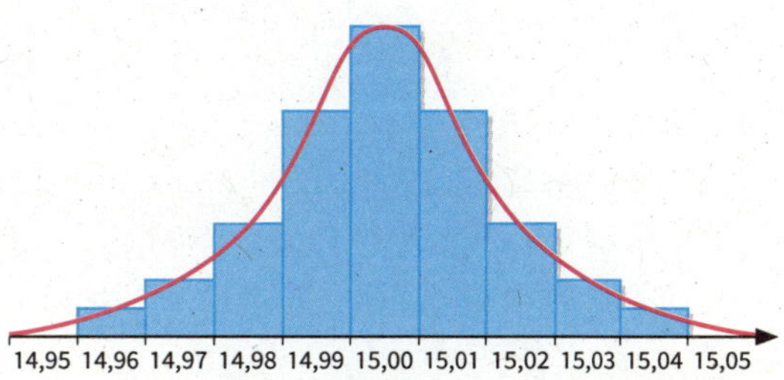

$\bar{x}$ = 15,00 mm

1. Eine am Ventiltellerrand vorgenommene Stichprobe ergab für die Tellerrandhöhe die gegebenen sechs Abweichungen. Berechnen Sie die Summe aller Messwerte und den Mittelwert.

Gegeben: x_1 = 0,04 mm, x_2 = 0,03 mm, x_3 = 0,02 mm, x_4 = 0,06 mm, x_5 = 0,01 mm, x_6 = 0,05 mm

Gesucht: Σx_n in mm, $\bar{x}$ in mm

Lösung:

2. Für den Durchmesser der Tellerfläche wurden die gegebenen Messwerte ermittelt. Berechnen Sie den Mittelwert.

Gegeben: $x_1 = 25{,}91$ $x_4 = 25{,}97$ Gesucht: $\bar{x}$

$x_2 = 25{,}93$ $x_5 = 25{,}96$

$x_3 = 25{,}92$ $x_6 = 25{,}95$

Lösung:

3. Ermitteln Sie aus den gegebenen 50 Messwerten zuerst die Häufigkeit der einzelnen Messwerte und erstellen Sie anschließend für die Messreihe ein Histogramm.

Gegeben: 25,90; 25,92; 25,92; 25,90; 25,88; 25,88; 25,90; 25,90; 25,92; 25,94; 25,92; 25,90; 25,86; 25,96; 25,84; 25,98; 25,90; 25,88; 25,82; 25,82; 25,84; 25,90; 25,94; 25,94; 25,90; 25,88; 25,88; 25,90; 25,86; 25,90; 25,90; 25,96; 25,94; 25,84; 25,92; 25,92; 25,96; 25,86; 25,92; 25,88; 25,88; 25,86; 25,86; 25,88; 25,88; 25,92; 25,94; 25,94; 25,92; 25,90;

Messwert	25,80	25,82	25,84	25,86	25,88	25,90	25,92	25,94	25,96	25,98	26,00
Häufigkeit											

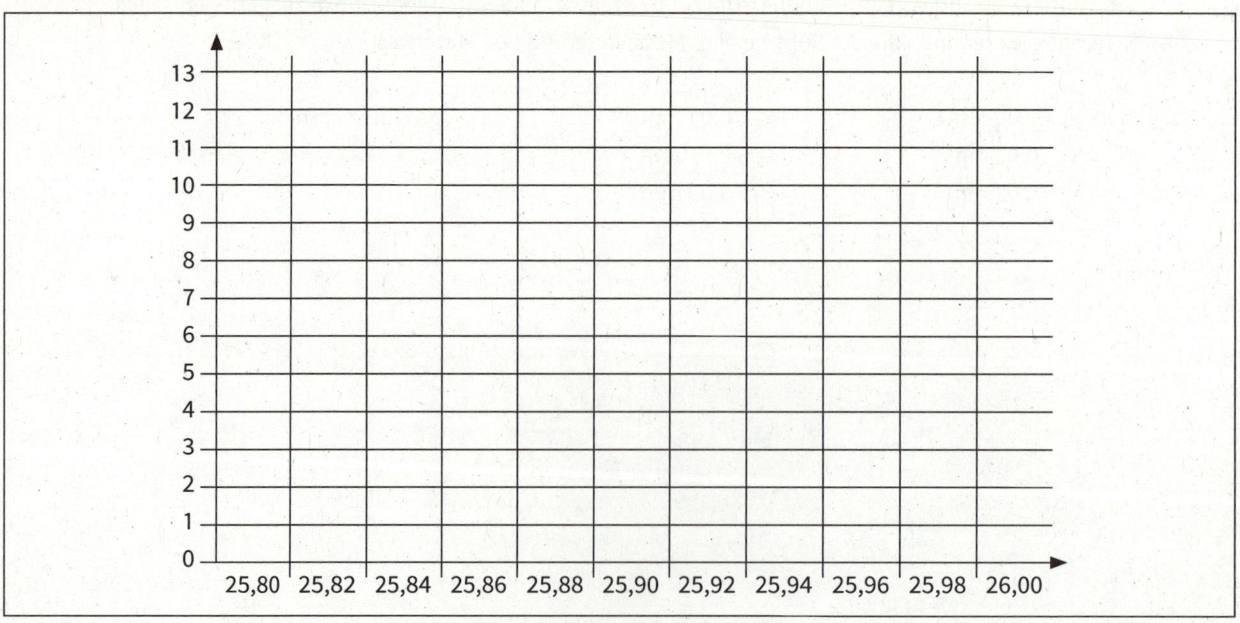

Qualitätsregelkarte

Während der Fertigung werden in regelmäßigen Abständen Werkstücke zur Stichprobenprüfung entnommen. Die 5 Messwerte einer Stichprobe werden in die Messwerttabelle einer Qualitätsregelkarte eingetragen und ausgewertet. Jede Qualitätsregelkarte besitzt einen Datenkopf, eine Messwerttabelle, ein Mittelwertdiagramm und ein Spannweiten-Diagramm.

Teilzeichnung **Ventil**		Zeichnungs-Nr.		Maschinen-Gruppe			Arbeitsgang **Tellerfläche Planen**		Nennmaß **1,35**		Firma	
Auftrags-Nr.		Masch.-Nr.		Prüfhäufigkeit **60 Min.**			Merkmal **Tellerrandhöhe**		Toleranz ± 0,1		Straße	Blatt 1 von
Name	Mü.	Mü.	Mü.	Mü.	Mü.	Mü.	Mü.	Fr.	Fr.	Fr.	Fr.	Fr.
Datum	28.08.	28.08.	28.08.	28.08.	28.08.	28.08.	28.08.	28.08.	28.08.	28.08.	28.08.	28.08.
Zeit	09:00	10:00	11:00	12:00	13:00	14:00	15:00	16:00	17:00	18:00	19:00	20:00
x_1	0,00	-0,01	0,00	-0,02	0,01	-0,01	0,02	0,01	0,03	0,05	0,06	-0,01
x_2	0,02	0,00	0,02	0,00	0,02	-0,02	0,03	-0,02	0,01	0,02	0,03	0,00
x_3	0,01	0,01	0,02	0,01	0,01	-0,01	0,02	0,00	0,00	0,06	0,01	0,01
x_4	0,01	0,02	0,01	0,02	0,01	0,00	0,04	-0,02	-0,01	0,04	-0,02	-0,01
x_5	0,00	0,01	-0,01	0,01	0,02	-0,02	0,01	-0,03	-0,02	0,01	0,02	0,01
Σ	0,04	0,03	0,04	0,02	0,07	-0,06	0,12	-0,06	0,01	0,18	0,10	0,00
$\bar{x}$	0,01	0,01	0,01	0,00	0,01	-0,01	0,02	-0,01	0,00	0,04	0,02	0,00
R	0,02	0,03	0,03	0,04	0,01	0,02	0,03	0,04	0,05	0,05	0,08	0,02

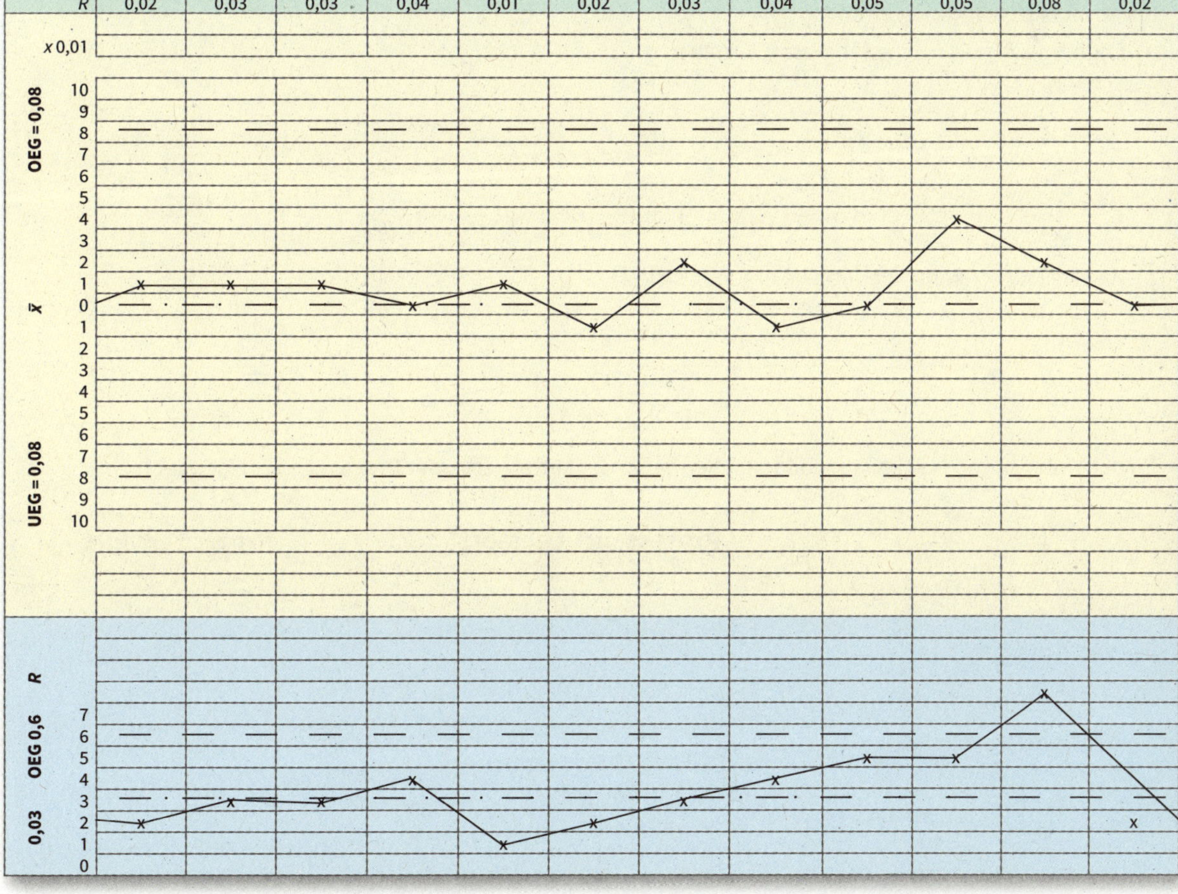

Qualitätsregelkarten werden zur ständigen Prozessüberwachung eingesetzt. Es wird kontrolliert, ob die Messwerte im vorgegebenen Toleranzbereich liegen. Weiter kann man anhand des Verlaufes der Messwerte erkennen, wie sich der Prozess entwickelt. Unzulässige Abweichungen werden schnell erkannt und können rechtzeitig korrigiert werden.

1. Ergänzen Sie in der Tabelle die Summe, den Mittelwert und die Spannweite für die am 29.03. entnommenen Stichproben.

	8:00 Uhr	9:00 Uhr	10:00 Uhr	11:00 Uhr	12:00 Uhr
x_1 in mm	0,05	0,02	0,00	0,02	0,03
x_2 in mm	0,03	0,02	0,01	0,01	0,01
x_3 in mm	0,05	0,02	0,01	0,03	0,04
x_4 in mm	0,06	0,02	0,01	0,04	0,05
x_5 in mm	0,01	0,02	0,02	0,00	0,02
$\sum$ in mm					
$\bar{x}$ in mm					
R in mm					

2. An einer zweiten Werkzeugmaschine steigen die Abweichungen nach 234 Ventilen stetig in den oberen Bereich der Kurve im Mittenwertdiagramm an.

a) Erklären Sie die Ursache für dieses Verhalten.

b) Welche Möglichkeiten der Abhilfe ergeben sich?

3. Entscheiden Sie, ob bei den abgebildeten Verläufen der Mittelwerte, der Prozess gestört ist oder nicht.

	Prozess nicht gestört	Prozess gestört
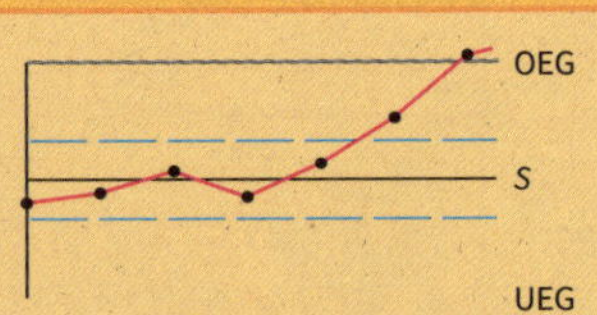		
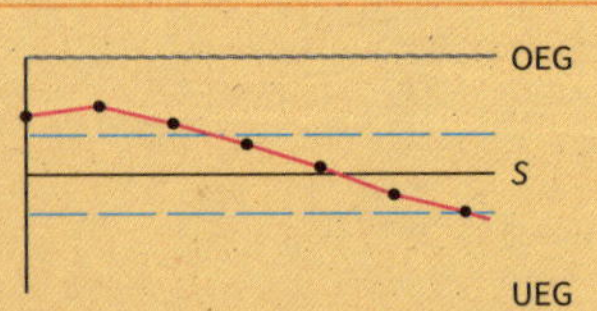		
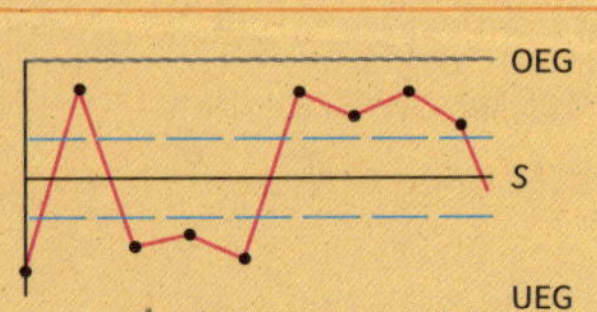		

Halbzeuge Projekt 12

In einem Betrieb sind Halbzeuge für die Herstellung von Fertigerzeugnissen bereit zustellen. Die Halbzeuge müssen für die einzelnen Abteilungen des Betriebes ausgewählt und zum Abtransport zu den Bearbeitungsmaschinen vorbereitet werden.

Zur Auswahl von Transportmitteln wie Krane und Hebezeuge sowie den dazugehörigen Anschlagmitteln muss die Masse der Halbzeuge berechnet werden.

Zentrale Lerninhalte

Technologie

- Bezeichnung von Halbzeugen
- Lastaufnahmeeinrichtungen
- Arbeitsschutz beim Heben von Lasten

Technische Mathematik

- Berechnung von Massen
- Berechnung von Kräften

Technische Darstellung

- Kurzzeichen für Halbzeuge
- Symbole für Halbzeuge

12 Halbzeuge

! Halbzeuge

In der Fertigung werden Bleche, Profile, Rohre, Stäbe und Drähte, die anschließend zu Fertigerzeugnissen verarbeitet werden, als Halbzeuge bezeichnet.

Ihre Form erhalten die Halbzeuge durch Warm- und Kaltumformen. Profile werden aus Vorblöcken, Knüppeln, Brammen oder Warmbändern in mehreren Schritten geformt z. B. durch

- Ziehen
- Strangpressen
- Stranggießen
- Walzen.

Für die Herstellung von Halbzeugen gibt es Normen. In diesen Normen sind Lieferformen, Abmessungen und Bezeichnungen festgelegt. Diese Werte lassen sich aus Tabellenbüchern oder Herstellerunterlagen entnehmen.

1. Informieren Sie sich im Tabellenbuch über die Bezeichnung von Halbzeugen. Ergänzen Sie in der Tabelle die Bezeichnungen unter den Halbzeugsymbolen.

Halbzeug-symbol			
Bezeichnung			
Halbzeug-symbol	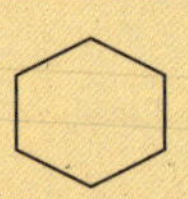	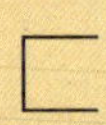	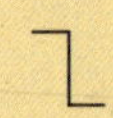
Bezeichnung			

2. Erklären Sie die vorgegebene Halbzeugbezeichnung.

Flach EN 10278 – 20 x 4 h11 x 290

!

Lastaufnahmeeinrichtungen

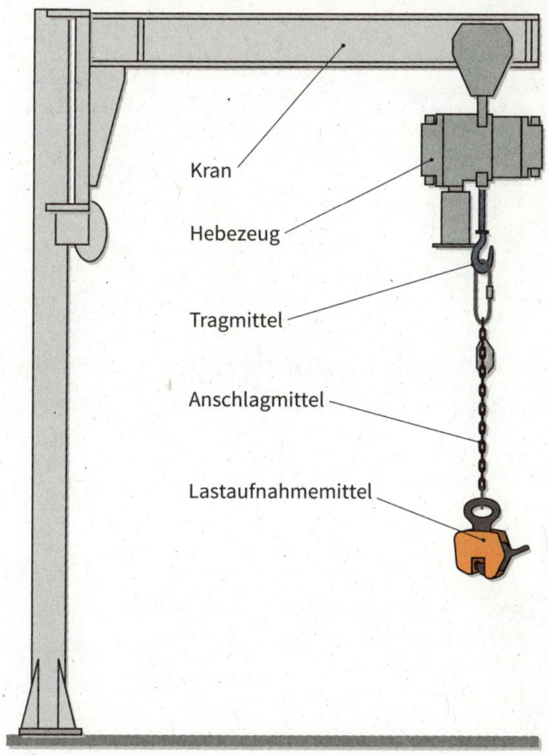

Der Transport der Halbzeuge zu den Bearbeitungsstationen erfolgt unter anderem mittels Lastaufnahmeeinrichtungen.

Jede Lastaufnahmeeinrichtung setzt sich aus mehreren Komponenten zusammen. Dies sind:
- Lastaufnahmemittel
- Anschlagmittel
- Tragmittel
- Hebezeuge
- Krane.

Je nach Anwendungsfall können alle Komponenten zum Einsatz kommen. Oft werden aber Anschlagmittel gleichzeitig als Lastaufnahmemittel verwendet.

Beim Heben von Lasten müssen zur Vermeidung von Unfällen bestimmte Regeln und Abläufe eingehalten werden. Die Verantwortung dafür tragen Anschläger und Kranführer.

3. Ein T-Träger mit einer Masse von 125 kg wird mit einem Kran zur Maschinensäge transportiert.
a) Welche Lastaufnahmemittel können verwendet werden? Nennen Sie 3 Lastaufnahmemittel.

b) Welche Anschlagmittel können verwendet werden? Nennen Sie 2 Anschlagmittel.

4. Eine 2-Strang-Kette wird als Anschlagmittel verwendet. Bestimmen Sie für die 2-Strang-Kette den Kettendurchmesser. Der Neigungswinkel für den Träger mit einer Masse von 125 kg beträgt 40°.

5. Ketten, die als Anschlagmittel verwendet werden, müssen mit einem genormten Kettenanhänger gekennzeichnet sein. Erklären Sie die Kennzeichnung des abgebildeten Kettenanhängers.

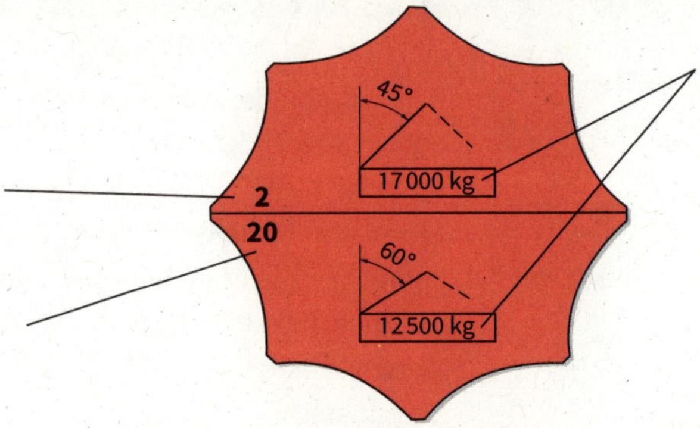

6. Zur Aufnahme des Anschlagmittels wird ein Lasthaken mit Hakensicherung als Tragmittel eingesetzt, der dauernd mit dem Hebezeug verbunden ist. Ergänzen Sie die fehlenden Bezeichnungen in der Abbildung.

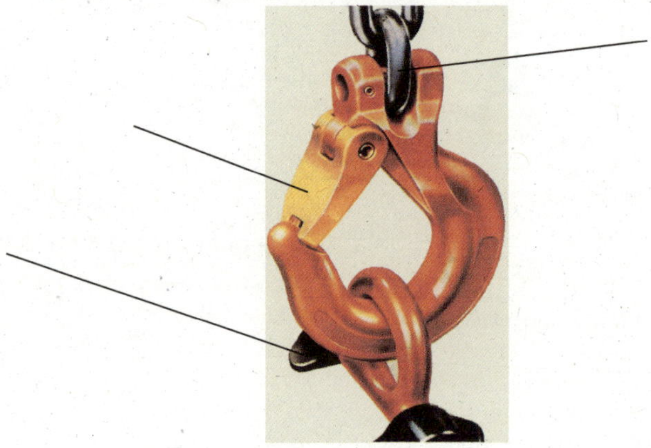

7. In Werkhallen von Firmen werden oft Deckenkrane zum Lastentransport eingesetzt. Wie werden diese Krane gesteuert?

8. Erklären Sie die Handzeichen zur Verständigung zwischen Anschläger und Kranführer.

Handzeichen						
Erklärung						

9. Welche allgemeinen Arbeitsschutzvorschriften müssen Sie beim Heben von Lasten beachten?

10. Wozu werden Hubvorrichtungen eingesetzt? Was sind die Vorteile von Zahnstangenwinden gegenüber Schraubenböcken?

12 Halbzeuge

! Masseberechnung

Die Masse bezogen auf Längen- oder Flächeneinheit von Blechen, Rohren, Profilstäben und Drähten kann aus Tabellen entnommen werden. Die Berechnung der Masse der Halbzeuge kann dann wie folgt durchgeführt werden.

Bei Rohren, Profilen, Stäben und Drähten wird mit der längenbezogenen Masse gerechnet:

$$m = m' \cdot l$$

Bei Blechen wird mit der flächenbezogenen Masse gerechnet:

$$m = m'' \cdot A$$

m = Masse
m' = längenbezogene Masse
m'' = flächenbezogene Masse
l = Länge
A = Fläche

1. Berechnen Sie die Masse eines 8,3 m langen Rundstahles aus Stahl mit einem Durchmesser von 22 mm. Bestimmen Sie dazu die längenbezogene Masse mithilfe des Tabellenbuches.

Gegeben: l = 8,3 m

Gesucht: m in kg

Lösung:

2. Die Masse eines quadratischen Stahlbleches mit 2 m Kantenlänge und einer Blechdicke von 2 mm ist zu berechnen. Bestimmen Sie dazu die flächenbezogene Masse mithilfe des Tabellenbuches.

Gegeben: a = 2 m

Gesucht: m in kg

Lösung:

! Kräfte

Kräfte können auf unterschiedliche Art und Weise erzeugt werden. Die SI-Einheit der Kraft ist das Newton N.

$$\mathbf{1\ N = 1\ kgm/s^2}$$

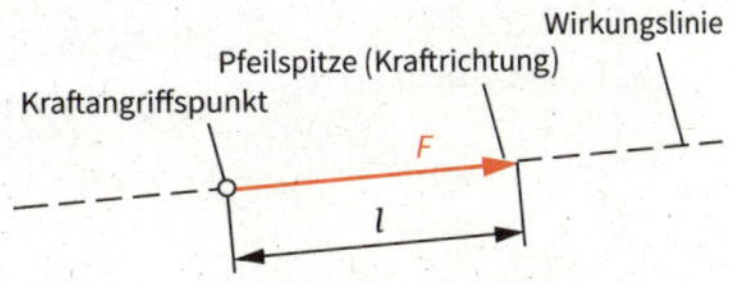

Eine Kraft wird durch den Angriffspunkt, ihre Größe und Richtung bestimmt.

Kräfte können addiert und subtrahiert werden, wenn sie gemeinsam auf einer Wirkungslinie liegen. Das Ergebnis ist ihre Resultierende oder Ersatzkraft F_R.

Kräfteaddition: $\mathbf{F_R = F_1 + F_2 + ... + F_n}$

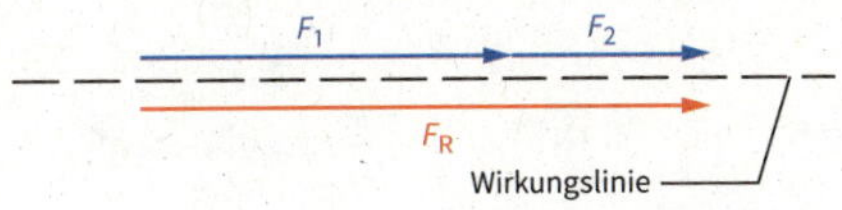

Kräftesubtraktion: $\mathbf{F_R = F_1 - F_2 - ... - F_n}$

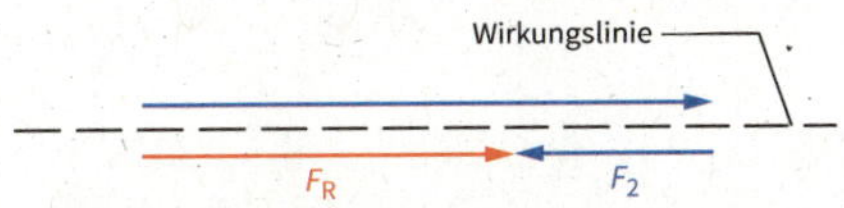

3. Beim Anheben von zwei T-Trägern mit 125 kg und 135 kg durch einen Deckenkran entsteht eine resultierende Kraft. Welche resultierende Kraft in N wirkt auf den Lasthaken?

Gegeben: $m_1 = 125\ \text{kg} = 1250\ \text{N} = F$
$m_2 = 135\ \text{kg} = 1350\ \text{N} = F$

Gesucht: F_R in N

Lösung:

4. Der Motor eines Hebezeuges besitzt eine Antriebskraft von 1400 N. Durch Reibung gehen im Motor 90 N, im Getriebe 200 N und in der Seiltrommel 120 N verloren. Welche resultierende Kraft besitzt der Motor effektiv für den Hebeprozess?

Gegeben: $F_1 = 1400\ \text{N}$
$F_2 = 90\ \text{N}$
$F_3 = 200\ \text{N}$
$F_4 = 120\ \text{N}$

Gesucht: F_R in N

Lösung:

! Halbzeuge

Halbzeuge können abgekürzt benannt oder durch ein Bildzeichen dargestellt werden.

Benennung	Abkürzung			Bildzeichen
Band	Bd	BD	bd	
Blech	Bl	BL	dr	
Draht	Dr	DR	dr	
Folie	Fol	FOL	fol	
Platte	Pl	PL	pl	
Rohr	Ro	RO	ro	∅
Tafel	Tfl	TFL	tfl	
Profile				
- Flach	Fl	FL	fl	▭
- Rund	Rd	RD	rd	∅
- Sechskant	6 kt	6 KT	6 kt	⬡
- T	T	T	t	⊤
- U	U	U	u	⊏
- Vierkant (Quadrat)	4 kt	4 KT	4 kt	□
- Winkel, rundkantig	L	L	l	L
- Winkel, scharfkantig	LS	LS	ls	

Benennung	Abkürzung			Bildzeichen
Profile				
- Doppel-T, schmalflanschig	I	I	i	I
- Doppel-T, breitflanschig	IB	IB	ib	
- Doppel-T, breitflanschig mit parallelen Flanschflächen	IPB[1)]	IPB	ipb	
- Doppel-T, breitflanschig mit parallelen Flanschflächen leichte Ausführung	IPBl[1)]	IPBl	ipbl	
- Doppel-T, breitflanschig mit parallelen Flanschflächen verstärkte Ausführung	IPBv[1)]	IPBv	ipbv	
- Doppel-T, mittelbreit mit parallelen Flanschflächen	IPE	IPE	ipe	
- Z	Z	Z	z	Z

1) nach EURONORM 53-62; IPB = HE ... B, IPBl = HE ... A, IPBv = HE ... M

1. Geben Sie für die angegebenen Halbzeuge die entsprechenden Abkürzungen an.

Halbzeug	Flachstab	Quadratstab	Rundstab	Sechskantstab	Winkel, rundkantig
Abkürzung					

2. Skizzieren Sie mit Hilfe des Tabellenbuches das Halbzeug L 40 x 40 x 5 gemäß DIN EN 10056-1.

Skizze:

Bildquellenverzeichnis

BOEHLERIT GmbH & Co KG, Kapfenberg: 107.

ContiTech AG, Hannover: 86.

eckermedia GbR, Vechelde: 6, 22, 40, 43, 50, 52, 60, 63, 64, 65, 75, 76, 78, 82, 84, 88, 94, 96, 97, 100, 101, 104, 105, 108, 114, 124, 125.

emag Cranes & Components GmbH, Wetter: 124.

ruwe & Polastri, Cremlingen/Weddel: 25.

esto AG & Co. KG, Esslingen: 42.

otolia.com, New York: Henrie (Henning Riedinger) 56; Thomas Zagler 56.

KUNZMANN Maschinenbau GmbH, Remchingen-Nöttingen: 21.

anganke, Lutz, Hannover: 55.

ithos, Wolfenbüttel: 6, 10, 11, 12, 13, 15, 16, 18, 19, 20, 23, 24, 25, 26, 27, 28, 30, 32, 33, 34, 39, 40, 42, 43, 44, 45, 46, 48, 49, 50, 52, 53, 55, 56, 59, 60, 62, 64, 65, 66, 68, 69, 70, 72, 74, 79, 82, 87, 89, 94, 95, 98, 100, 101, 102, 104, 106, 110, 112, 114, 115, 117, 120, 123, 124, 127.